3分鐘有「醬」就上菜！

中式經典好味×西式異國風味×日韓東洋滋味×南洋熱情美味

57種百變滋味，自由搭配無限美味

寫在本書之前

給料理新鮮人的本書指南

1 一醬變多醬：從基礎醬加料，就能延伸變化更多醬料

一醬變多醬的秘密很簡單！我先在Chapter 01教大家做中式、西式、日韓及南洋醬料中最基礎的必學醬料，就算是料理新鮮人也能快速學會。掌握這些基礎醬料後，只要再加幾樣食材，就能輕鬆變化出更多進階醬料！

基礎醬【蛋黃醬】

蛋黃醬再進化【塔塔醬】

塔塔醬再進化【凱薩醬】

例如書中教大家的西式醬料「蛋黃醬」，製作方式非常簡單，即使是料理菜鳥，也能做出大師手藝。你大概想不到蛋黃醬只要再加幾樣材料就能變出塔塔醬；塔塔醬只要再加幾樣材料就能變出凱薩醬！

李建軒Stanley小提醒

這些醬料在書中皆以（〇〇醬再進化）標出其基礎醬，讓你一目了然，快速找出關聯性！

2 一菜搭多醬：
學會一道美味料理，就能搭配本書教你的的多種醬料

料理菜鳥大展身手的時刻到了！除了製作各種醬料外，當然也要學會做出搭配這些醬料的美味料理。現在就跟著我一起做出美味的派對小食、清爽蔬食、宴客好菜、濃郁湯品及各式甜點飲品吧！

\可另外搭配/

如何一菜搭多醬？例如在書中教大家做的美味料理「英式炸魚柳」，不但可以搭配自製的微酸塔塔醬，你也可以依個人喜好，搭配書中教的萬用蛋黃醬、濃郁料多的凱薩醬，或是充滿墨西哥風味的莎莎醬喔！

Preface 作者序

最道地的搭配，讓料理兼具健康與美味！

醬料是各式料理的靈魂，只要掌握醬料，不用出國也能吃到道地的特色美食！

現在人由於忙碌的工作、緊湊的生活步調，經常透過便利的速食、外食、微波食品來解決三餐。根據衛福部國民健康署的統計，超過6成的員工午餐採外食，將近8成的員工沒有攝取到足夠的蔬果，長期吃下多油、多鹽、多糖及多加工的飲食，難免飲食不均衡，也對身體造成影響，因此近期掀起追求健康飲食的旋風。

再加上突如其來的嚴峻疫情，改變了大眾的生活型態，減少出門、降低群聚、多待在家，讓各位饕客只能減少外食，自「煮」健康管理，以滿足口腹之慾，每天鬥智鬥勇、想方設法做出新菜色，廚藝多多少少進步了，但想吃的各國美食還是做不出來，因此這本醬料地圖，教大家掌握料理的靈魂——醬料，網羅中式、西式、日式、韓式、南洋等多風味的醬料，只要會調醬料，做出道地美食就難不倒你！

很多人常說：「史丹利老師，你的專業是做菜，你做起來很簡單，我學起來像災難，你寫的食譜會不會很難？」教過無數名學生，非常清楚料理新鮮人的痛處，因此希望透過詳細的圖文對照、一目了然的步驟，讓大家無痛學習做出各式醬料！

我也很常聽到有人說：「史丹利老師，這些醬料看起來簡單，卻不知道怎麼搭配」、「眼睛看懂了，手卻跟不上。」別擔心，這次特別收錄創意料理QRcode隨掃隨看，教你更多美味秘訣，鮮筍沙拉、打抛豬、五味醬中卷、韓式醬烤豬排、奶油芒果煎鱈魚……，集結過去曾經上遍各大平台的影片，親自示範做出各國好料，一起吃遍各國美食！

希望這本書能帶給大家自「煮」健康管理時的更多選擇，一起跟著醬料風味環遊世界！

Contents
目錄

Chapter 03

三五好友來相聚，創造可口的派對小食

Chapter 04

夏日炎炎沒胃口，清爽健康享蔬食

Chapter 05 大展身手宴親友，自信變出滿桌好菜

Chapter 06 燉煮一鍋美味湯品，濃郁湯頭自己做

Chapter 07 自製手工甜品醬，人人都能創造的甜蜜滋味

Chapter 01

製作醬料前必須知道的基本知識

不論是料理菜鳥、料理老手，或是喜歡做菜卻害怕失敗的人，若在開始學習製作醬料前，能先認識一些基本知識，料理時就會更加游刃有餘。在這個章節中，我將介紹給大家我下廚時常用的工具，以及選購調味品及香料的秘訣。此外，我還會教大家三種基本高湯的製作。自製高湯不僅能運用在醬料製作上，還能作為湯底，只要照著書中步驟，你也能創造出最天然健康的高湯。最後，和大家分享高湯及醬料的保存技巧，讓你只要花一次的時間製作，就能在日後料理需要時，隨時取用！

Common tools

製作醬料的常用工具

下列的工具都是我料理時最常使用的廚房好幫手。料理新鮮人有了這些工具，從此做菜不再失敗！料理好手有了這些工具，更加省時省力，事半功倍！

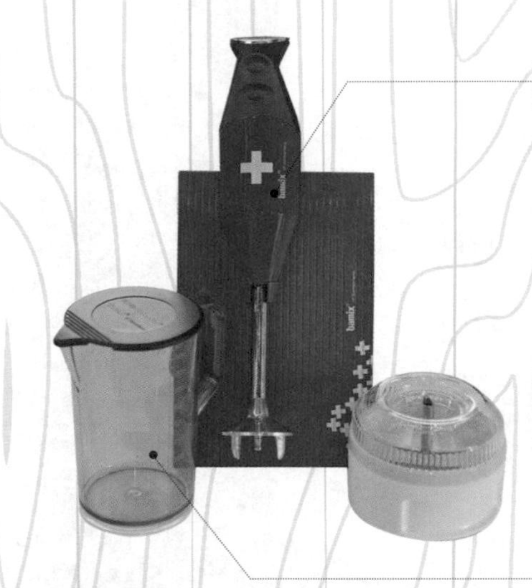

手持調理棒

手握一把調理棒，就可輕鬆將食材打碎、磨泥、打漿或磨粉，輕鬆省時又省力！由於醬料份量相對較少，比起食物調理機或果汁機，手持調理棒更符合小容量的需求。

量杯

量杯對剛入門的料理菜鳥來說，是可以精準計算食材份量的輔助工具，若你已經是料理經驗老手，不用量杯也能憑感覺計算食材添加量。量杯通常以計算液體及食材的份量為主。建議選擇透明無色的材質，刻度才看得清楚。目測時，視線要與刻度平行。

易拉轉

只要把食材通通丟進易拉轉，輕輕一拉，就可以把蔥、薑、蒜、辣椒等辛香料迅速攪細！此外，只要蓋上保鮮蓋，不需要另外準備保鮮盒，就能輕鬆保存醬料。有了這個省時省力的好工具，再也不用拿刀剁老半天，更不用擔心手上殘留蒜味、切洋蔥切到流淚！

結合磨泥功能的易拉轉，實用度加倍！

不沾鍋

有了不沾鍋，不但料理更省油，更不怕燒焦黏鍋！特殊塗層耐草酸且能使食材均勻受熱，使用起來更安心，就算無油也不會燒焦，輕鬆吃出健康無負擔。不論煎、煮、炒、炸，甚至熬煮醬汁都非常實用的不沾鍋，是料理菜鳥的救星、料理老手的得意幫手！

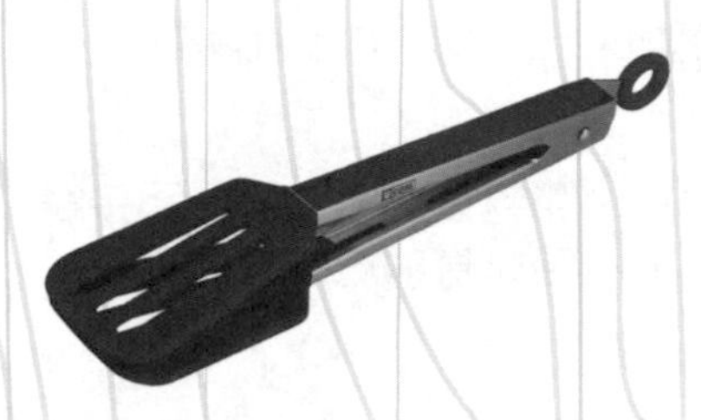

矽膠鏟夾

輕便好用的矽膠鏟夾，可當鍋鏟、攪拌杓及夾子，一支抵三支！矽膠材質耐熱230度，不會釋放塑化劑又防燙手，使用加倍安心！料理時，不論香煎、油炸、拌炒食材，都非常實用。而且矽膠材質不易刮傷鍋子，熬煮醬料時，也可以用來攪拌醬汁喔！

打蛋器

攪拌少量食材的好幫手，可將調味料攪拌混合，或是將蛋白打發。雖然手動打蛋器比較費時費力，但比起用湯匙攪拌，打蛋器網狀的結構較易拌勻食材。

夾鏈袋

夾鏈袋密封後，可以減少食物和空氣接觸的機會，是保存醬料及高湯的最佳選擇。放進冰箱不但不佔空間，還能寫上保存期限，非常方便！

Condiment

煮廚教你選購調味品

調味品的種類百百種，我在下面介紹的這些都是調配醬料最不可或缺的常見調味料！相信許多人都常困擾要如何買到比較天然的調味品、開封後又該如何保存？讓我來為大家解答這些疑惑，以後去超市就知道怎麼選購調味品啦！

中式醬料必備——醬油

色：品質好的醬油在瓶中呈深褐色，倒出在光下則為透明感的深棕偏紅色。
香：品質好的醬油加熱時會釋放香氣，化學醬油則聞起來有一股不天然的刺鼻味。
味：純釀造醬油甘鹹相宜，化學醬油則較單一死鹹。

置於常溫的醬油，玻璃瓶比塑膠瓶的保存期稍長。開封後，醬油容易因接觸空氣而氧化變味，平時應置陰暗低溫處保存，避免放在陽光直射處或離爐火較近的地方。

西式醬料必備——橄欖油

可依需求選購適用於煎、煮、炒、炸的100%純橄欖油（Pure），或適用於冷拌的原味橄欖油（Extra Virgin）。原味橄欖油若長期接受陽光或日光燈照射，會變為銅色，此時代表油已變質，較不適合選購。

增添酸味的調味料——醋

選購醋時，將瓶子大力一搖，若瓶中氣泡久久不散就是純釀醋，反之則為合成醋。純釀醋入口會回甘，合成醋則帶有嗆鼻的味道，入喉時會造成刺激不適。一般來說，純釀醋放愈久愈容易產生沈澱現象，合成醋則無。

增加香辣好味的秘訣——辣油

天然辣油色澤呈現淡紅色，且加熱後顏色快速淡化；添加化學劑物的辣油，色澤則呈現鮮潤紅色，加熱時顏色揮發慢且帶有刺鼻味。

南洋醬料必備——魚露

魚露味道帶有鹹鮮味，顏色略呈琥珀色，常運用於南洋料理中。原料多以小魚蝦類為主，經過日曬後，加鹽醃漬、發酵、熬煉後，過濾而得到的醬汁。

Spices

煮廚教你選購香料

下面我挑選出最常見、最容易購得的香料，只要運用這些香料，就能為料理創造出不同的異國風味！

香菜

挑選時，應注意長度不超過20公分，葉面保持翠綠且無枯黃、無縮葉，梗不折斷的香菜，品質較佳。

羅勒

羅勒常在義大利料理中製成青醬，和九層塔相比，羅勒的口感較不青澀，氣味也較溫和。應選擇葉子新鮮無枯黃的，品質較佳。

巴西里

在西方的料理中非常重要的巴西里，可用來調製醬料，作為餡料、製成沙拉；在中式料理中，乾燥的用來調味，新鮮的則用於盤飾。

月桂葉

具有獨特香氣的月桂葉，帶有辛辣味及苦味，常作為調味應用於烹飪中，例如煲湯、燜煮食材、燉肉等。購買時，建議選擇乾燥無破損的較佳。

桂皮

略帶辛辣香，本身味道較重，添加時須拿捏用量，以免搶味。選購時，應選乾燥無發霉、厚薄均勻的。

薄荷

在料理中添加薄荷，可利用其清涼特殊的氣味帶出整體的風味。當製作醬料時，多用於搭配沙拉的清爽醬汁或裝飾上。選擇葉子新鮮無發黑的，品質較佳。

學習製作醬料所需的高湯

【雞高湯】

雞高湯是所有口味的高湯中運用最廣的一種，湯底清新且不搶主要風味，不論哪一國的料理，都能添加運用，甚至作為湯底，以提升風味。

份量：2～4人份

料理時間：
10分鐘（若無快鍋或休閒鍋，可使用任何不鏽鋼湯鍋代替熬煮，約需1小時）

使用物品：
休閒鍋（若無休閒鍋，亦可使用任何不鏽鋼湯鍋代替）、清洗雞胸骨架的小盆子或容器、矽膠鏟夾、紗布

材料：

雞胸骨架1斤
水2公升
胡蘿蔔1/2支
洋蔥1/2顆
蒜頭5瓣
月桂葉1片

Step 1 2 3

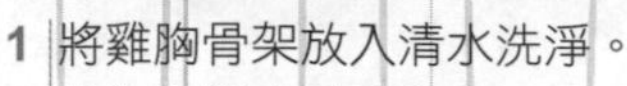

1 將雞胸骨架放入清水洗淨。
2 略為汆燙去除髒血水。
3 用矽膠鏟夾將汆燙過的雞骨頭夾入盆中。

4	5	6
7	8	9
10		

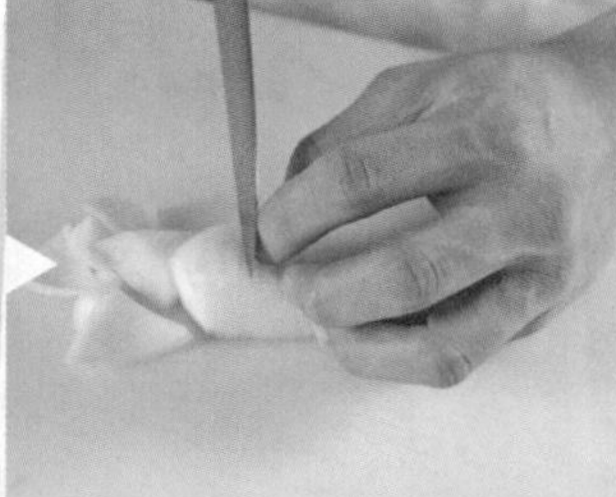
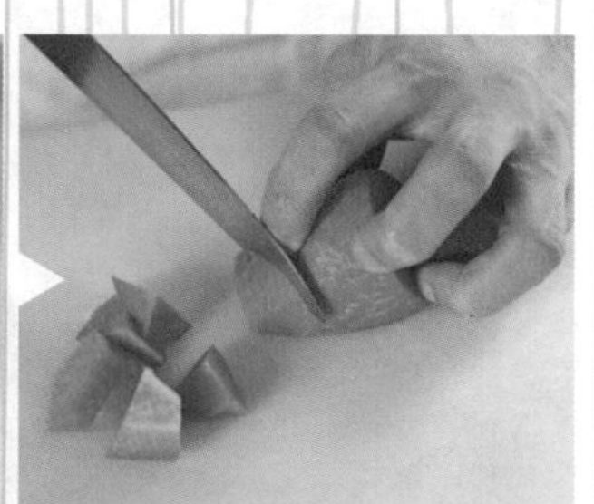

4 用手搓洗雞骨架表面髒浮沫雜質。
5 將洋蔥切塊備用。
6 將胡蘿蔔切塊狀備用。
7 將洗淨的雞骨頭放入鍋中。
8 將雞骨頭、胡蘿蔔、洋蔥、蒜頭、月桂葉及水煮滾，熄火燜20分鐘。
9 取一乾淨的鍋子鋪上紗布，將熬好的高湯倒入紗布過濾。
10 用紗布過濾後即大功告成。

李建軒Stanley小提醒

製作雞高湯時，許多人覺得湯看起來顏色有點混濁，其實這是正常的現象。在此提供大家2個讓雞高湯更加清澈的小撇步給大家：

❶ 熬煮高湯時，隨時撈除多餘的油份及雜質泡沫。
❷ 在步驟8中，建議可以在熬煮高湯時加入冰塊，因為冰塊溫度低，能使加熱沸騰速度變慢，促使湯頭更加清澈。

雞高湯運用於本書料理：

沙嗲醬（p.064） 黑胡椒醬（p.106） 部隊鍋（p.146）
鐵板臭豆腐（p.096） 番茄紅醬（p.108） 紅咖哩醬（p.148）
蘑菇醬（p.104） 青豆醬（p.133） 香椰海鮮湯（p.151）

【柴魚高湯】

柴魚高湯是日式料理常見的高湯，食材只需柴魚和昆布，非常容易購得。昆布熬煮出來的湯頭顏色略呈黃澄色，在品嚐時，舌尖隱約能嚐到微微的甘甜香味。

份量：
2～4人份

料理時間：
8分鐘（若無快鍋或休閒鍋，可使用任何不鏽鋼湯鍋代替熬煮，約需20分鐘）

使用物品：
休閒鍋（若無休閒鍋，亦可使用任何不鏽鋼湯鍋代替）、矽膠鑵夾、紗布

材料：

柴魚50g
昆布10公分
水1公升

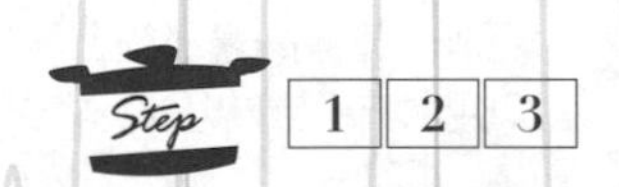

1 取濕布將昆布表面清擦拭乾淨。
2 將昆布泡入水中約30分鐘。
3 以小火煮至起小水泡。

4	5	6
7		

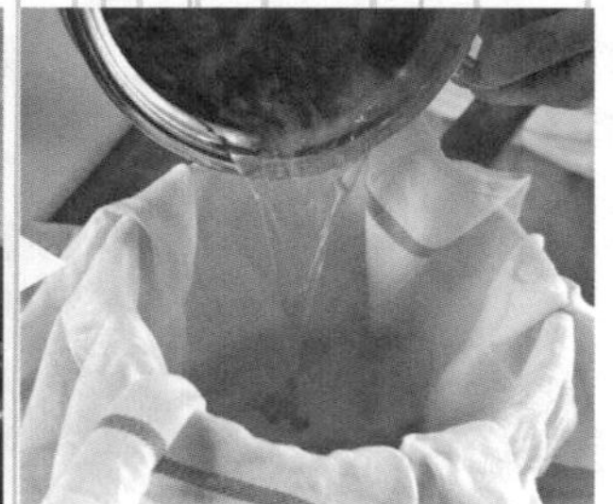
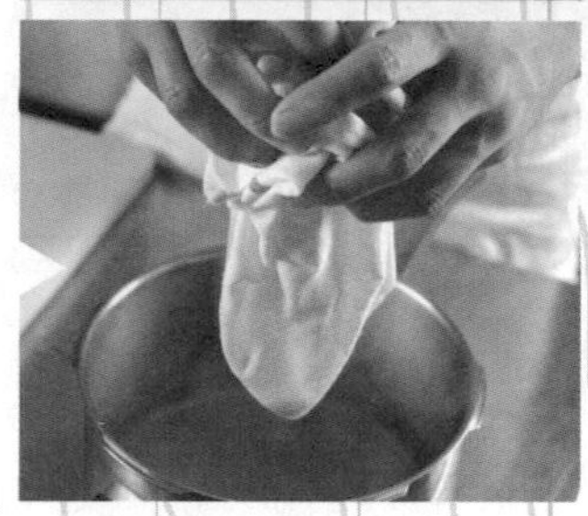

4 用矽膠鏟夾取出昆布。
5 趁熱同上鍋加入柴魚片並浸泡約2分鐘。
6 取一乾淨的鍋子鋪上紗布，將浸泡的柴魚鍋倒入紗布鍋中。
7 用紗布過濾即完成。

李建軒Stanley小提醒

❶ 許多人在購買昆布時，常會看到昆布表面有白色粉狀，大家千萬別誤以為買到不新鮮發霉的昆布。其實昆布表面的白色結晶叫做「昆布粉」，是昆布成分甘露醇析出而成，屬自然現象。這些昆布粉正是昆布甘甜味的來源，煮湯時能增加鮮甜味。

❷ 在上述步驟中，煮昆布及柴魚時要特別注意，以小火慢煮。若用大火熬煮，易使高湯混濁。

柴魚高湯運用於本書料理：
南蠻漬醬汁（p.034）
壽喜燒醬汁（p.145）

高湯03

【魚高湯】

魚高湯中的自然海味是提鮮不可或缺的元素。熬煮高湯添加的蔬菜，可以去除腥味，還能達到提升甜味的效果喔！

★魚骨頭的選擇：材料中的「魚骨頭」可採用任何魚的骨頭，一般我們建議選用鱸魚骨熬湯，風味更佳！

份量：
2～4人份

料理時間：
35分鐘
（若使用快鍋，煮約3分鐘即可完成）

使用物品：
休閒鍋（若無休閒鍋，亦可使用任何不鏽鋼湯鍋代替）

材料：

魚骨頭1斤	蒜頭5瓣
水2公升	月桂葉1片
洋蔥1/2顆	蒜苗1支
西芹1支	白酒50c.c.

Step 1 2 3

1 將魚骨頭洗淨。
2 略為汆燙去除髒血水。
3 用矽膠鑷夾將汆燙過的魚骨頭夾入盆中。

4	5	6
7	8	9
10	11	12

4 用手搓洗魚骨表面髒浮沫雜質。
5 將西芹切成塊狀備用。
6 將洋蔥切成塊狀備用。
7 將蒜苗切段備用。
8 將洗淨的魚骨頭放入鍋中。
9 將切好的蒜苗、洋蔥、西芹及月桂葉、蒜頭放入鍋中。
10 加入白酒及水，以小火熬煮35分鐘。
11 取一乾淨的鍋子鋪上紗布，將熬煮的魚高湯倒入紗布鍋中。
12 用紗布過濾即可完成。

李建軒Stanley小提醒

在步驟3中，熬煮魚高湯的時間不能超過40分鐘，因為久煮會使鮮味會流失，建議大家煮35分鐘為最佳時間。此外，以電鍋蒸熬煮，湯頭會更加清澈，因為蒸煮不會促使食物在鍋中滾動，避免湯頭過於混濁，大家也可以試試看。

魚高湯運用於本書料理：濃郁海鮮湯（p.139）

Preserving condiment

高湯與醬料的保存訣竅

高湯的保存訣竅 製冰盒

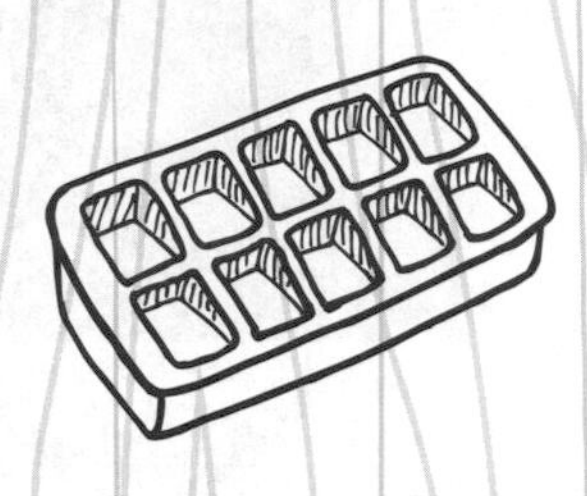

自製高湯雖然花費的時間比較長，但是不含高湯塊、味精或是其它化學添加物，絕對讓人吃得安心又健康！花費心思製作的高湯只要放在製冰盒中冷凍，日後料理需要時，隨時都能取一塊來用，非常方便！

李建軒Stanley小提醒：
也可使用夾鍊袋保存高湯，不但可密封隔絕空氣，也較不佔冰箱空間。

醬料的保存訣竅 夾鏈袋

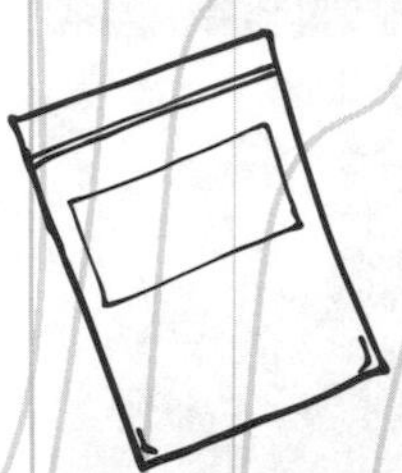

夾鏈袋是保存醬料的好幫手，不佔空間，也能置於冷凍庫冷藏。空氣中因為有許多雜菌，為了避免使雜菌感染，減少醬料和空氣的接觸非常重要！在這邊特別提供大家「隔水壓力法」，利用水的壓力擠出空氣，即便家中沒有真空機，也可以利用這種簡易又省錢的方法保存醬料喔！

step 1. 倒入醬汁

將容器套上夾鏈袋並撐開，倒入醬汁。

step 2. 擠壓出空氣

準備一個鋼盆或大碗，放入5分滿的水。再將步驟1.裝好醬料的夾鏈袋隔水放入鋼盆或大碗中，利用水的壓力擠壓袋中的空氣。最後密封夾鏈袋就完成啦！

醬料的保存訣竅 玻璃罐

玻璃罐適合保存於冷藏冰箱的醬料類，利用滾燙的沸水消毒罐子，能夠達到殺菌的功效，以利醬料的保存。

step1. 用沸水消毒罐子

step2. 倒入醬汁

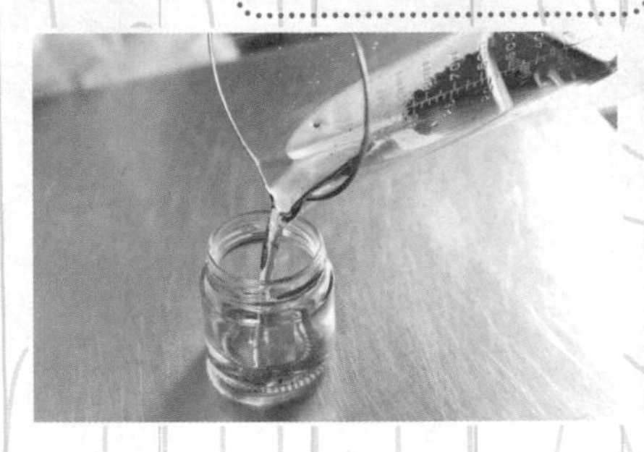

李建軒Stanley小提醒：

❶ 別忘了在夾鏈袋及玻璃罐外標示醬料製作日期喔。
❷ 醬料冷卻後才能密封，避免留下蒸氣。
❸ 開封後儘早食用完畢。
❹ 玻璃罐清洗後可重複使用，夾鏈袋用完即丟不宜重複使用。

Chapter 02

料理新手的第一課，掌握零失敗的基礎醬料

在這個章節裡，我將介紹最常見且最容易上手的基底醬。這些醬料是中式、西式、日韓及南洋醬料中最基礎的必備醬料，大家只要學會這些基底醬，便能掌握本書大部分的醬汁喔！

【甜醬油】

不管是料理時運用在燒、煮、炒等烹飪手法上，或是作為醃料及沾醬，甜醬油都是廚房萬用的好幫手！

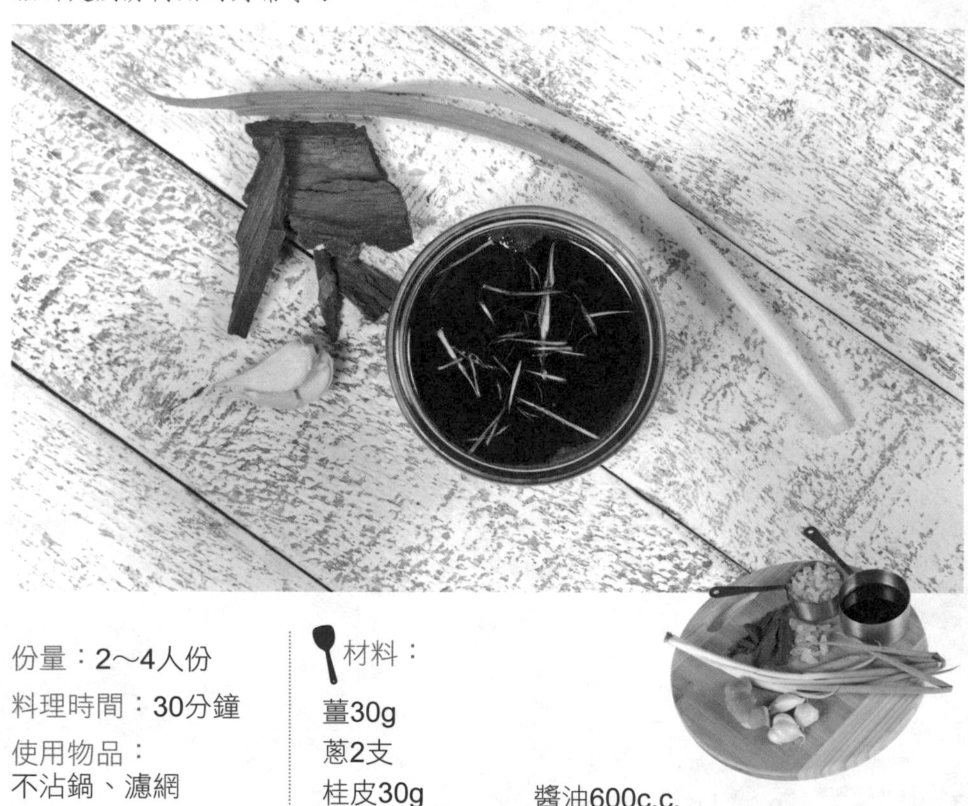

份量：2～4人份

料理時間：30分鐘

使用物品：
不沾鍋、濾網

材料：

薑30g
蔥2支
桂皮30g
帶皮蒜頭3瓣
醬油600c.c.
冰糖300g

Step 1 2

1. 將拍扁的蔥、薑、帶皮蒜頭、醬油及冰糖放入鍋中，加入桂皮，以中火煮滾後，再轉小火熬煮30分鐘至濃稠。
2. 取濾網過濾即可完成。

甜醬油運用於本書料理：
蒜泥醬（p.072）

【番茄醬】

自製的番茄醬不含化學添加物，且製作時不另外加鹽，可以降低鈉的含量，達到健康無害的訴求。

份量：2～4人份

料理時間：8分鐘

使用物品：

不沾鍋、手持調理棒（若無調理棒，亦可使用任何果汁機或食物調理機）、矽膠鏟夾

材料：

牛番茄3顆
檸檬1顆
冰糖50g

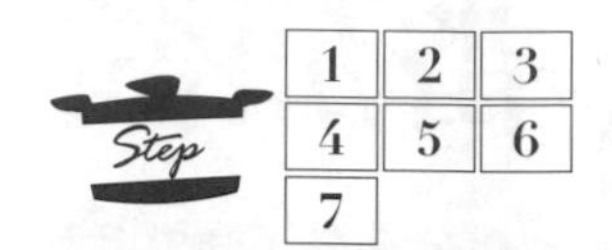

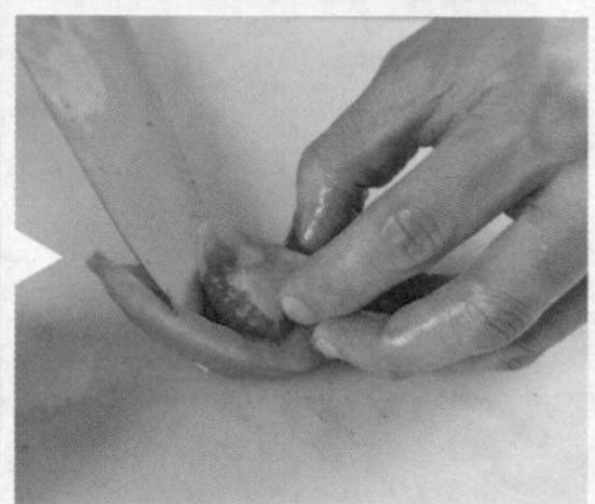

★將番茄去皮去籽的目的是為了成品美觀，讓番茄均勻打成醬，避免醬中摻雜番茄籽與細碎番茄皮。

1 起滾水鍋。
2 將切十字的番茄入不沾鍋燙煮10秒鐘。
3 再以矽膠鑷夾取出燙好的番茄至冰水中浸泡備用。
4 將泡冰水的番茄去皮。
5 用刀將去皮的番茄去籽去囊。
6 以手持調理棒打成泥備用。
7 取不沾鍋，將番茄泥、檸檬汁及冰糖攪拌煮至濃稠即可。

李建軒Stanley小提醒

在步驟1中，我們將番茄尾端切十字刀，這正是輕易去除番茄皮的小撇步！此外，為了使醬料看起來更美觀、口感更細緻，我們建議大家將番茄去皮去籽。

番茄醬運用於本書料理：
糖醋醬（p.030）、豬排醬（p.056）、沙嗲醬（p.064）、甜辣醬（p.078）、醬燒汁（p.094）、辣味肉醬（p.127）

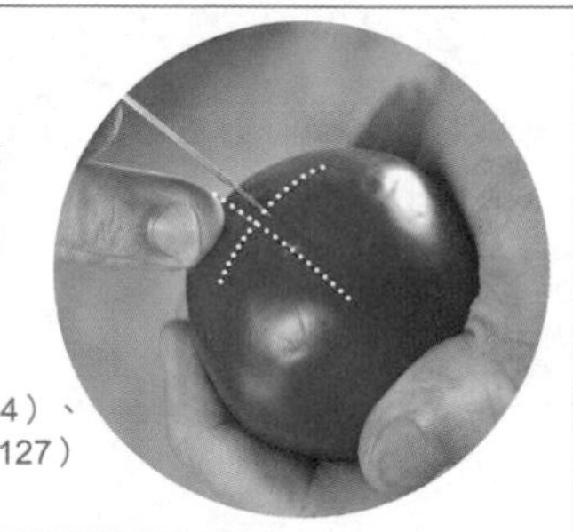

【熱炒醬】

大火快炒海鮮或肉類時，加入一勺自製熱炒醬，保證好吃到讓你意猶未盡。

份量：2～4人份

料理時間：2分鐘

材料：

蠔油3大匙
醬油膏1大匙
二砂糖1大匙
梅林辣醬油1大匙
胡椒粉1/4小匙

1 2

1. 加入梅林辣醬油、二砂糖、醬油膏、蠔油與胡椒粉於碗中。
2. 將所有材料拌勻即可完成。

熱炒醬運用於本書料理：
醬燒汁（p.094）

【糖醋醬】

自製番茄醬再加入其他食材，就能調配出適合自己的專屬糖醋醬。

份量：2～4人份

料理時間：3分鐘

使用物品：
不沾鍋、矽膠鏟夾

材料：

番茄醬5大匙	開水5大匙
白醋5大匙	沙拉油1大匙
二砂糖5大匙	鹽1/4小匙

1 起鍋入油，先將番茄醬倒入不沾鍋以矽膠鏟夾拌炒。

2 再加入二砂糖、開水、白醋及鹽，攪拌煮至濃稠即可完成。

李建軒Stanley小提醒

讓番茄醬顏色更漂亮的祕訣很簡單，在步驟2中，把白醋加入番茄醬中，藉由加熱番茄醬與白醋，不但能讓醬料的顏色更紅潤，還能讓味道更溫和！

糖醋醬運用於本書料理：

腐乳豆瓣醬（p.044）
菊花嫩雞球（p.046）

【蔥油汁】

香氣逼人的蔥油，加上自己炸的香脆油蔥酥，搭配清爽涼拌菜，可提升入口咀嚼的層次感喔！

份量：2～4人份
料理時間：8分鐘
使用物品：不沾鍋、濾網

材料：
紅蔥頭50g
沙拉油150c.c.
香油20c.c.
鹽1小匙
二砂糖1/2小匙

Step 1 2

1 以冷油（剛放入鍋中還未加熱的油）將切片紅蔥頭片以小火慢炸炸至酥脆，即可過濾待涼備用。
2 濾出的蔥油趁熱加入鹽及糖，將冷卻的酥炸紅蔥頭片灑進蔥油中即完成。

Point

李建軒Stanley小提醒

❶ 在步驟2中，因香油是冷壓油脂，屬於發煙點低的油類，加入耐高溫的沙拉油混油能提高發煙點，油炸時才不易變質。
❷ 紅蔥頭片炸好時，色澤略呈金黃透明，此時應迅速撈入濾網內，放到盤子上攤涼，避免油炸過的紅蔥酥產生熱氣受潮回軟。

油蔥汁運用於本書料理：
青蔥醬（p.099）

蛋黃醬和沙拉是絕配，
快來試試鮮筍沙拉吧！

【蛋黃醬】（美乃滋）

蛋黃醬又稱美乃滋，運用在沙拉、前菜或炸物上，都是很好的搭配選擇。

份量：2～4人份

料理時間：3分鐘

使用物品：
手持調理棒（若無調理棒，亦可使用任何攪拌工具）

材料：

蛋黃1個
檸檬1片
沙拉油300 c.c.
鹽1/4小匙
二砂糖1/4小匙

Step 1 2

1 將蛋黃、檸檬、鹽及糖倒入碗中食材以手持調理棒攪拌至淡黃色。
2 再慢慢加入沙拉油持續攪拌，打發至濃稠膨脹即可完成。

Point

李建軒Stanley小提醒

製作蛋黃醬時，蛋黃應取自常溫保存的雞蛋（或將冰箱雞蛋置於室溫退冰），較能順利打發至膨脹的狀態。

蛋黃醬運用於本書料理：
塔塔醬（p.050）
胡麻醬（p.089）

【油醋汁】

選用品質好的橄欖油，搭配各式的水果醋，運用2：1的黃金比例，就能調配出完美的油醋汁。

份量：2～4人份
料理時間：1分鐘

材料：

橄欖油100c.c.
巴沙米可醋50c.c.

Step 1 2

1 將巴沙米可醋倒入容器中。
2 將橄欖油慢慢加入巴沙米可醋中攪拌均勻即可完成。

Point

李建軒Stanley小提醒

油醋汁只需將兩種材料加在一起攪拌，做法雖然看似簡單，但需特別注意添加橄欖油的速度及量均會影響油醋汁的濃稠度。

油醋汁運用於本書料理：
義大利油醋汁（p.081）
爐烤野菜盤（p.084）

【南蠻漬醬汁】

以日式糖醋概念製成的南蠻漬醬汁，吃起來酸酸甜甜的。日本人常將魚類或肉類炸過後，再浸漬此醬汁食用。入口時，肉質香味和醋的酸味相互輝映，口感清爽不油膩，令人一吃就停不下來！

份量：2～4人份

料理時間：2分鐘

事前準備：
完成柴魚高湯製作（柴魚高湯做法詳見p.018）

使用物品：不沾鍋

材料：

柴魚高湯200c.c.
醬油1大匙
白醋100c.c.
味醂50c.c.
二砂糖50g

1 2

1 將二砂糖、味醂、白醋、醬油及柴魚高湯倒入不沾鍋中。

2 以木匙輕輕攪拌，熬煮至糖溶化即可完成。

南蠻漬醬汁運用於本書料理：
海鮮滷汁（p.087）

品嚐獨門經典的東洋滋味 日 韓 醬 料

【照燒醬】

帶有甜鹹香氣的濃郁照燒醬，是搭配炙燒烤物的最佳選擇。

份量：
2～4人份

料理時間：
23分鐘

使用物品：
不沾鍋、濾網、食物剪刀

材料：
雞胸骨架1附
醬油200c.c.
米酒200c.c.
冰糖100g
麥芽糖50g
柴魚片20g

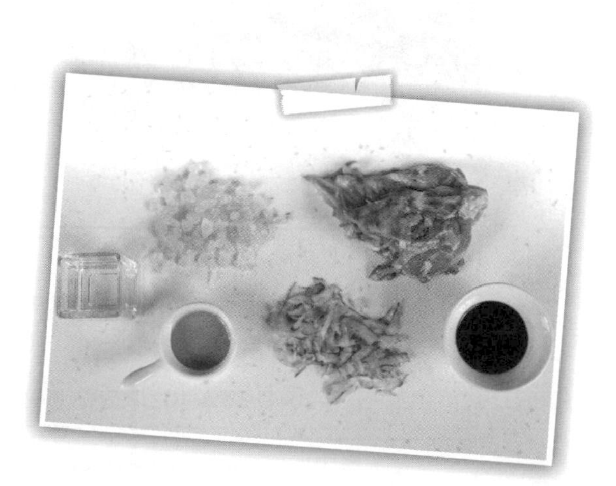

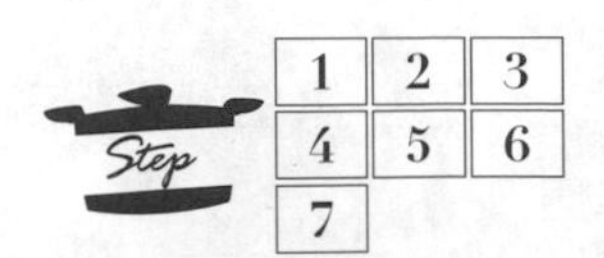

1 雞胸骨架以食物剪刀剪小塊備用。
2 將醬油倒入不沾鍋中。
3 加入麥芽糖和冰糖。
4 灑上柴魚片。
5 加入米酒後，再將步驟1剪好的雞胸骨架塊放入鍋中。
6 熬煮時以木匙持續輕輕攪拌，將所有材料煮至滾。煮滾後轉小火熬煮約20分鐘至濃稠狀。
7 最後以濾網過濾即可完成。

李建軒Stanley小提醒

結合冰糖與麥芽糖的日式照燒醬口味偏甜，在熬煮醬汁時要特別注意，因為醬油加熱過頭容易變焦變苦、麥芽糖也容易黏鍋燒焦，所以過程中需要隨時攪拌。

照燒醬運用於本書料理：豬排醬（p.056）

品嚐獨門經典的東洋滋味 日韓醬料

【韓式烤肉醬】

帶有水梨果香的韓國烤肉醬汁，加上炒香的白芝麻，嚐起來甜甜的，是搭配煎烤肉類的最佳拍檔！

份量：
2～4人份

料理時間：
5分鐘

使用物品：
不沾鍋、手持調理棒
（若無調理棒，亦可使用果汁機或食物調理機）

材料：

去皮蒜頭1瓣
嫩薑1小塊
洋蔥1/8個
水梨1/8個
麻油1/2大匙
白芝麻1/2大匙
醬油4大匙
味醂2大匙
二砂糖1大匙
水4大匙
玉米粉1小匙
月桂葉1片

史丹利親自示範做出
韓式醬烤豬排！

1. 將醬油、味醂、二砂糖、玉米粉、月桂葉及水調勻。
2. 煮開後撈除月桂葉。
3. 將蒜頭、嫩薑、洋蔥及水梨放入手持調理棒的容器。
4. 接著用手持調理棒打成泥備用。
5. 另取不沾鍋，將白芝麻倒入拌炒，炒至白芝麻顏色轉黃略帶焦香味。
6. 將步驟**2**煮開的醬汁及步驟**4**打成泥的材料加入鍋中，與炒香的白芝麻混合均勻。
7. 最後加入麻油攪拌即可完成。

李建軒Stanley小提醒

因為水梨與洋蔥本身有甜味，建議大家步驟**1**的二砂糖及味醂依個人喜好甜度斟酌添加。此外，步驟**5**中炒香白芝麻可提升醬汁整體香氣，拌炒時需以木勺翻動，避免燒焦。

韓式烤肉醬運用於本書料理：韓式辣炒醬（p.115）

享受熱情奔放的酸甜美味 南洋醬料

【泰式甜辣醬】

酸酸甜甜略帶微辣的泰式甜辣醬，不論拌炒、醃漬食材，或作為沾醬，都是讓料理加分的元素。

學會泰式甜辣醬，一定要試試這道泰式鮮蝦沙律！

份量：2～4人份

料理時間：3分鐘

使用物品：

不沾鍋、易拉轉（若無易拉轉可使用刀具將材料切碎）

材料：

紅辣椒2支	二砂糖150g
檸檬半顆	水400c.c.
白醋200c.c.	太白粉2大匙

1 將紅辣椒以易拉轉切碎。
2 加入白醋、檸檬汁。
3 加入水400c.c.、二砂糖。
4 用易拉轉均勻混合食材。
5 將易拉轉中的辣椒汁倒入不沾鍋中。
6 以小火煮開至糖溶化。
7 另取一容器加入2大匙太白粉及2大匙水，用湯匙攪拌均勻。
8 慢慢淋入步驟7的太白粉水勾芡。
9 攪拌均勻後，將醬汁倒出放涼即可完成。

Point

李建軒Stanley小提醒

步驟7的「太白粉水」是亞洲料理中最常見的勾芡方法，太白粉和水的調配比例是1：1，以一般大小的湯匙為基準，將2大匙的太白粉及2大匙的水加入碗中，攪拌均勻即完成。

泰式甜辣醬運用於本書料理：酸辣醬（p.120）

【鹹鮮汁】

獨具南洋風味的特殊醬汁，鹹中帶鮮，是南洋料理中不可或缺的萬用好幫手。

份量：2~4人份

料理時間：5分鐘

使用物品：不沾鍋

材料：

羅望子30g	蠔油2大匙
椰糖30g	檸檬半顆
二砂糖30g	魚露3大匙

Step 1 2

1 在不沾鍋中加入羅望子、蠔油、魚露、二砂糖與椰糖。

2 擠入檸檬汁，將所有材料攪拌煮至糖溶化即可完成。

Point

李建軒Stanley小提醒

椰糖拆封使用前可先略為泡熱水，比較容易挖取。

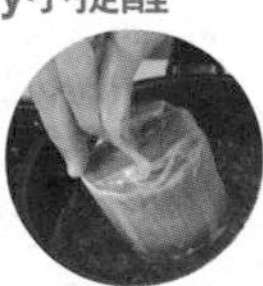

鹹鮮汁運用於本書料理：

梅子醬（p.060）

Chapter 03

三五好友來相聚，創造可口的派對小食

製作簡單的鹹食小點心，不論是招待親友、幫孩子做便當，都是很好的選擇。這個章節教大家運用舉一反三的概念，製作出許多進階醬中醬，大家都能依照自己喜好調配口味，運用在千變萬化的料理中！

【腐乳豆瓣醬】

糖醋醬再進化

從糖醋醬衍生的中式經典醬料，添加豆腐乳的甘甜味及豆瓣醬的鹹香味，完美結合出色、香、味俱全的獨門醬料，保證讓你口水直流。

份量：
2～4人份

料理時間：
3分鐘

事前準備：
完成糖醋醬製作
（糖醋醬做法詳見p.030）

使用物品：
不沾鍋、易拉轉（若無易拉轉，亦可使用刀具將材料切碎）

材料：

去皮蒜頭1瓣
薑10g
糖醋醬3大匙
豆腐乳1塊
豆瓣醬2大匙
二砂糖1小匙
開水6大匙

1 將蒜頭用易拉轉切碎備用。
2 將薑切片備用。
3 起鍋乾炒爆香蒜碎及薑片。
4 加水萃取出香味。
5 加入豆瓣醬。
6 加入豆腐乳及砂糖。
7 最後加入糖醋醬，用小火煮成醬汁即大功告成。

李建軒Stanley小提醒

許多人常擔心醬料太油膩，自製醬料的好處就在於我們能夠依自己的喜好，調出最適合個人口味的醬料！在步驟3中，建議大家可以利用水取代油爆香，不但嚐起來更清爽，也比較健康。

Delicious

美味搭配

菊花嫩雞球

示範搭配醬料：糖醋醬

現炸鮮嫩多汁的雞肉球，再搭配自製醬料，讓每個人吃了意猶未盡，巴不得再來一盤！在此我們以糖醋醬示範搭配，白醋的酸味能夠解油膩、平衡口中的味覺。如果不喜歡吃太甜，搭配偏鹹的腐乳豆瓣醬、熱炒汁或醬爆汁也是很好的選擇。

份量：1～2人份

料理時間：12分鐘

事前準備：
完成糖醋醬製作
（糖醋醬做法詳見p.030）

使用物品：
不沾鍋、矽膠鏟夾、易拉轉（若無易拉轉，亦可使用刀具將材料切碎）

材料：

雞胸肉1附
小黃瓜1/2條
蒜頭1瓣
蔥1支
紅辣椒1/2支
花椒粒2g
糖醋醬5大匙
胡椒粉1/6小匙
香油1小匙
鹽1/2小匙
米酒1大匙
水3大匙
麵粉3大匙
太白粉2大匙

Step

1	2	3
4	5	6
7	8	9
10	11	12

0.5公分

1 將小黃瓜切菱形片。
2 將紅辣椒切菱形片燙熟。
3 蔥切段備用。
4 蒜頭以易拉轉切碎備用。
5 將雞胸肉修整平。
6 橫切雞肉（深度過半不切斷），每刀間隔0.5公分。（如圖中紅箭頭）。
7 接著切出深度過半的格子狀十字刀（如圖中紅箭頭），再切出4×4公分的若干雞肉塊。
8 將鹽、胡椒粉、米酒、水和雞肉塊加入碗裡。
9 將雞肉塊和醃料抓醃備用。
10 把麵粉及太白粉混合均勻。
11 雞肉塊均勻沾裹混和粉料。
12 以手抓住雞肉塊的四個角（捏成球狀），稍待回潮，使粉料更吸附在雞肉上。

13	14	15
16	17	18

13 將雞球分別入鍋油炸（手先抓著四個角，稍炸至定型再鬆手）。

14 雞球炸至熟成上色後，取出瀝乾備用。

15 另起鍋入油，爆香蔥白段、蒜碎及花椒粒。

16 再加入糖醋醬及香油。

17 將炸熟的雞球放入。

18 接著將小黃瓜、紅辣椒及蔥段入鍋，拌炒均勻即可完成。

李建軒Stanley小提醒

美味的炸雞球只要運用一點小巧思，就能做出花的形狀，兼具美味與美觀，是非常適合宴請親友時擺上桌的得意好菜！製做這道料理時，只要注意以下兩點小提醒，就能讓你的成品更完美喔！

❶ 在步驟6、7雞肉切十字刀時，皮面朝上切割，成型的完整性較佳。

❷ 步驟9醃肉時加入水（也就是業界常說的「打水」），有助於提升肉的嫩度。

亦可搭配本書其他醬料：腐乳豆瓣醬（p.044）、熱炒醬（p.029）、醬爆汁（p.095）

79

【塔塔醬】

蛋黃醬再進化▶ 微酸中襯出水煮蛋香氣的塔塔醬，是沾附炸物、海鮮類的最佳選擇，絕對不能錯過喔！

份量：2～4人份

料理時間：2分鐘

事前準備：完成蛋黃醬製作（蛋黃醬做法詳見p.032）

使用物品：不沾鍋、易拉轉（若無易拉轉可使用刀具將材料切碎）

Step
1	2
3	4
5	6

材料：

蛋黃醬（美乃滋）100g
洋蔥30g
酸黃瓜20g
巴西里2g
黃檸檬半顆
雞蛋1顆
鹽適量
白胡椒粉適量

Point

李建軒Stanley小提醒

食材中的檸檬選用黃色或綠色皆可。一般來說，黃檸檬味道較溫和，綠檸檬較酸，大家可依自己喜好選擇。此外，煮水煮蛋時，雞蛋勿煮過熟，以免蛋黃變黑。

塔塔醬運用於本書料理：
凱薩醬（p.052）
英式炸魚柳（p.053）

1. 將雞蛋與冷水放至不沾鍋中水煮，水滾後再轉小火煮10分鐘。
2. 取出水煮蛋泡冷水待涼備用。
3. 將洋蔥、酸黃瓜放入易拉轉拉碎。
4. 將去殼水煮蛋放入易拉轉拉碎。
5. 將蛋黃醬及巴西里放入易拉轉拉碎。
6. 加入鹽、白胡椒與檸檬汁，以易拉轉均勻混合即可完成。

【凱薩醬】

塔塔醬再進化

加入多元食材的凱薩醬，入口層次更豐富，是搭配生菜沙拉的絕佳組合！

份量：
2～4人份

料理時間：
2分鐘

事前準備：
完成塔塔製作
（塔塔醬做法詳見p.050）

使用物品：
易拉轉（若無易拉轉亦可使用刀具將材料切碎）

材料：

塔塔醬100g	芥末籽醬1小匙
蒜頭1瓣	帕馬森起司粉15g
鯷魚15g	二砂糖適量

Step 1 2

1 蒜頭及鯷魚以易拉轉切碎。
2 加入塔塔醬、帕馬森起司粉、芥末籽醬及糖，以易拉轉攪拌均勻成醬即可完成。

Point

李建軒Stanley小提醒

凱薩醬是常見的西式經典醬料，做法非常簡單，在步驟1加入易拉轉的蒜碎亦可用蒜粉取代，以延長保存時間。

英式炸魚柳

示範搭配醬料：塔塔醬

香酥美味、嫩中帶鮮的現炸魚柳條，沾裹自製的塔塔醬，風味絕佳。塔塔醬微酸含蛋香，美味又解膩。大家也可以依個人喜好，改搭濃郁的蛋黃醬、凱薩醬或墨西哥風味的酸辣莎莎醬，都很適合。

份量：
2～4人份

料理時間：
6分鐘

事前準備：
完成塔塔醬製作
（塔塔醬做法詳見p.050）

使用物品：
不沾鍋、打蛋器、手持調理棒（若無調理棒，可使用任何攪拌工具）

材料：

鮭魚200g
金桔1顆
綜合生菜50g
橄欖油1大匙
鹽少許
胡椒少許
白酒1大匙
麵粉50g
太白粉20g
蛋1顆
水50c.c.
塔塔醬80g

1 將金桔切片。
2 鮭魚切成條狀。
3 將條狀鮭魚加入白酒。
4 撒上鹽及胡椒略醃備用。
5 將蛋黃、蛋白分開。
6 蛋黃拌入麵粉、太白粉及水。

7	8	9
10	11	12
13		

7 以打蛋器快速拌勻。
8 以手持調理棒將蛋白打發。
9 將打發的蛋白拌入步驟7的麵糊備用。
10 起油鍋，鮭魚條沾上少許麵粉。
11 用手混合鮭魚條和麵粉。
12 再均勻沾上麵糊，入油鍋180℃炸約2分鐘。
13 鮭魚條呈金黃色熟透即可取出。將炸好的魚條排盤，附上生菜、金桔片及塔塔醬即可完成。

李建軒Stanley小提醒

在這道英式炸魚柳中，我將食譜調整為較健康天然的作法，因此炸魚柳條口感稍軟，你也可以依自己喜好稍做調整。以下提供兩點小提醒供大家參考：

❶ 以打發的蛋白取代泡打粉等化學添加物，對身體較健康無負擔。
❷ 在步驟6中可添加一大匙的橄欖油拌勻，使炸魚條的口感更酥脆。

亦可搭配本書其他醬料：蛋黃醬（p.032）、凱薩醬（p.052）、莎莎醬（p.082）

【豬排醬】

照燒醬再進化▶ 酸中帶甜的豬排醬，搭配香酥脆口的日式炸豬排，不但清爽解膩，還能提升整體風味喔！

份量：
2～4人份

料理時間：
1分鐘

事前準備：
完成番茄醬與照燒醬製作（番茄醬做法詳見p.027、照燒醬做法詳見p.035）

材料：

照燒醬5大匙
中濃醬汁5大匙
番茄醬3大匙

1 2

1 將照燒醬、中濃醬汁及番茄醬倒入碗中。
2 攪拌均勻即為完成。

豬排醬運用於本書料理：
日式大阪燒（p.057）

Delicious
美味搭配

日式大阪燒

示範搭配醬料：
豬排醬與蛋黃醬（美乃滋）

料多豐富的日式大阪燒，香煎後外酥內軟。趁熱撒上滿滿柴魚片，上昇的熱氣使柴魚片輕巧地跳起舞來，在視覺及味覺上都是一大享受！除了日式照燒醬，喜歡韓式口味的人也可以改搭本書的韓式辣炒醬，輕鬆創造出截然不同的風味！

份量：1～2人份

料理時間：8分鐘

事前準備：

完成蛋黃醬、豬排醬製作（蛋黃醬做法詳見p.032、豬排醬做法詳見p.056）

使用物品：

不沾鍋、易拉轉（若無易拉轉，可使用刀具將材料切碎）

材料：

高麗菜80g
洋蔥1/4顆
胡蘿蔔1/6支
蔥1支
蝦仁6隻
花枝1/4隻
火鍋豬肉片6片
麵粉1杯
雞蛋2顆
鹽1小匙
研磨胡椒1/4小匙
柴魚片10g
蛋黃醬（美乃滋）30g
豬排醬1大匙

1 將胡蘿蔔、洋蔥及蔥放入易拉轉。
2 再放入高麗菜。
3 用易拉轉將蔬菜切碎。
4 花枝切丁備用。
5 蝦仁去腸泥。
6 取大容器將上述切好的食材倒入。

7	8	9
10	11	12
13	14	15

7 加入雞蛋
8 加入麵粉。
9 加入鹽及胡椒調味
10 並均勻攪拌食材。
11 取不沾鍋熱鍋後倒少許油，再轉中小火倒入麵糊，壓扁平約2公分厚。
12 在上方鋪上火鍋肉片。
13 等邊緣有點金黃色再翻面煎至熟透即可（可蓋鍋蓋加速熟成）。
14 盛盤後依序淋上豬排醬及蛋黃醬（美乃滋）。
15 最後撒上柴魚片即可完成。

李建軒Stanley小提醒

本食譜以少油、少鹽的健康訴求來設計，若想吃香氣更濃重的人，可將洋蔥碎、蔥花、胡蘿蔔、蝦仁丁及花枝丁先以油炒香。這種做法不但可以增添風味、還能縮短最後煎熟的時間。

亦可搭配本書其他醬料：
照燒醬（p.035）、韓式辣炒醬（p.115）

【梅子醬】

鹹鮮汁再進化

透過加熱食材孕育出梅子清香的美味醬料，鹹甜中略帶微酸，搭配炸物不但增香提味，還能解膩。

份量：2～4人份

料理時間：3分鐘

事前準備：完成鹹鮮汁製作
（鹹鮮汁做法詳見p.041）

使用物品：不沾鍋、易拉轉
（若無易拉轉可使用刀具將材料切碎）

材料：

鹹鮮汁150c.c.
梅子50g
水50c.c.

1 將梅子去籽取梅肉後，以易拉轉碎成泥備用。

2 將梅子碎泥放入不沾鍋並加入水和鹹鮮汁，以木匙輕輕攪拌，用小火熬煮成醬汁即可完成。

梅子醬運用於本書料理：
月亮鮮蝦餅（p.061）

月亮鮮蝦餅

示範搭配醬料：梅子醬

咀嚼剛煎好的酥脆鮮蝦餅，口中散發蝦子的鮮甜味，再沾附略帶酸味的梅子醬，清爽又解膩。大家也可依自己喜好，搭配本書南洋風味的泰式甜辣醬、鹹鮮汁及酸辣醬，保證讓你一口接一口！

份量：
2～4人份

料理時間：
8分鐘

事前準備：
完成梅子醬製作
（梅子醬做法詳見p.060）

使用物品：
不沾鍋、餐巾紙、矽膠鑊夾、易拉轉（若無易拉轉，可使用刀具將材料切碎）

材料：

草蝦仁250g
豬板油30g
春捲皮2張
胡椒粉1/4小匙
鹽1/4小匙
梅子醬100g

1 草蝦仁去除腸泥洗淨後擦乾水分。
2 將草蝦仁放入易拉轉。
3 接著放入豬板油，以易拉轉剁成泥。
4 加入鹽及胡椒拌勻。
5 取一張春捲皮（粗面朝上），將打碎的蝦泥平均舖平。
6 再蓋上另一張春捲皮（光滑表面朝外）。

7	8	9
10	11	12

7 用叉子在餅皮表面戳洞。
8 起油鍋，油溫180℃炸約3～5分鐘。
9 炸至兩面金黃酥脆時，以矽膠鑷夾取出。
10 用餐巾紙吸油。
11 將月亮鮮蝦餅切片。
12 淋上梅子醬即可完成。

李建軒Stanley小提醒

美味的月亮鮮蝦餅做法簡易，切成一口大小或撒上香菜點綴，非常適合作為派對上的輕食點心。下面提供大家兩個小提醒，讓你煎出零失敗的完美鮮蝦餅：

❶ 以叉子於餅皮表面戳洞，可增加熱油的穿透、避免表面膨脹，同時能促使熟成速度加快。

❷ 春捲皮以粗面朝內包覆食材，光滑面朝外，易使餅皮表面煎得更平整漂亮。

亦可搭配本書其他醬料：泰式甜辣醬（p.039）、鹹鮮汁（p.041）、酸辣醬（p.120）

【沙嗲醬】

結合各式辛香料與花生醬的香辣沙嗲醬，搭配串燒烤肉別有一番風味。

份量：2～4人份

料理時間：5分鐘

事前準備：
完成雞高湯、番茄醬、紅咖哩醬製作
（雞高湯做法詳見p.016、番茄醬做法詳見p.027、紅咖哩醬做法詳見p.148）

使用物品：
不沾鍋、手持調理棒、矽膠鏟夾（若無調理棒，亦可使用刀具切碎，再以湯匙拌勻）

Step 1 2 3 4 5 6

材料：

紅蔥頭3顆
去皮蒜頭3瓣
紅辣椒1/2支
薑1小塊
番茄醬2大匙
紅咖哩醬4大匙
香茅3g
羅望子15g
粗粒花生醬4大匙
椰漿3大匙
糖1大匙
油2大匙
雞高湯200c.c.

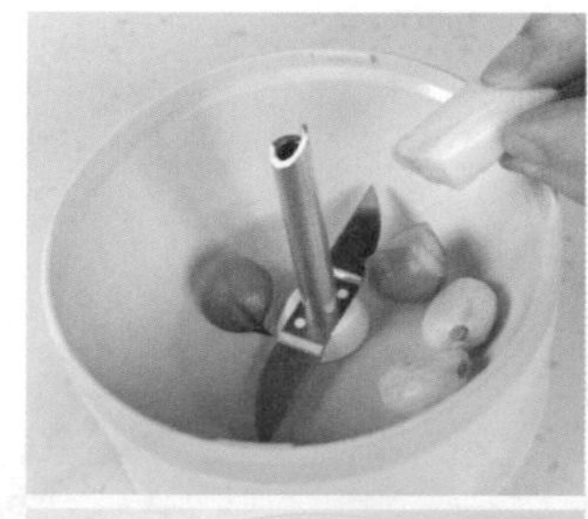

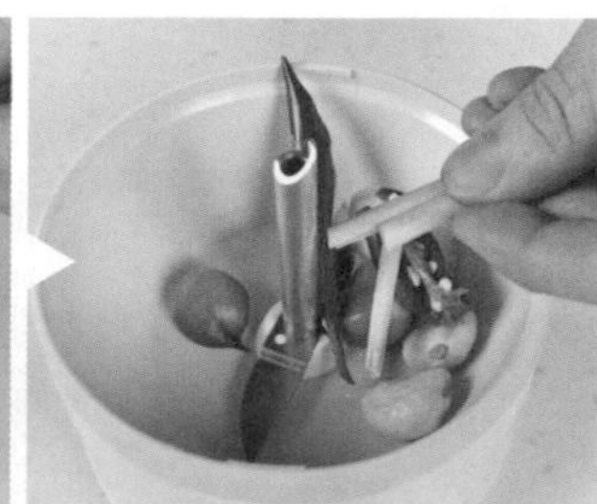

1 將去皮蒜頭、紅蔥頭、薑放入手持調理棒容器。
2 接著將紅辣椒及香茅放入。
3 將材料用手持調理棒打成碎泥。
4 起鍋入油，將步驟3材料炒香。
5 熄火後再倒入其餘材料（番茄醬、紅咖哩醬、羅望子、粗粒花生醬、糖、雞高湯、椰漿）拌勻。
6 開小火，以矽膠鏟夾攪拌均勻至滾即可完成。

Point

李建軒Stanley小提醒

加入椰漿時，應在未開火的狀況下加入拌勻再開火，以避免椰漿中的蛋白質分離。

沙嗲醬運用於本書料理：
烤肉串燒（p.068）

【海鮮胡椒醬】

香中帶辣的自製醬料，拌炒海鮮可說是辣度一絕，入口散發的胡椒辛香味，讓美味層次提升到最高點。

份量：2～4人份

料理時間：5分鐘

使用物品：
不沾鍋、易拉轉、矽膠鏟夾
（若無易拉轉，可使用刀具將材料切碎）

材料：

紅蔥頭3顆
去皮蒜頭3顆
洋蔥1/6顆
薑1小塊
黑胡椒粉2大匙
紅椒粉1小匙
胡荽籽粉1小匙
（或以少許香菜切碎取代）
蠔油5大匙
二砂糖2大匙
醬色1小匙
油2大匙

Step

1	2
3	4
5	6

1 將紅蔥頭、去皮蒜頭、洋蔥及薑放入易拉轉。
2 用易拉轉切碎上述材料備用。
3 將油加入不沾鍋中。
4 煸炒步驟2切碎的食材直至逼出香味。
5 加入黑胡椒粉、紅椒粉、胡荽籽粉、蠔油、二砂糖及醬色。
6 以矽膠鏟夾拌炒均勻即可完成。

Delicious

美味搭配

烤肉串燒

示範搭配醬料：沙嗲醬

以薑黃粉及沙嗲醬醃至入味的烤肉串，最適合和親朋好友一同享用。入口前再刷上南洋風味的沙嗲醬、擠點新鮮檸檬汁，讓美味更上層樓！也可變換不同口味，把沙嗲醬換成本書的海鮮胡椒醬、日式美味照燒醬，或韓式烤肉醬、韓式辣炒醬。

份量：
2～4人份

料理時間：
8分鐘

事前準備：
完成沙嗲醬製作
（沙嗲醬做法詳見p.064）

使用物品：
竹籤、烤盤、烘焙紙

材料：

雞胸肉1/2附
無骨牛小排150g
綠檸檬1/4顆
沙嗲醬5大匙
薑黃粉1大匙
沙嗲醬100g

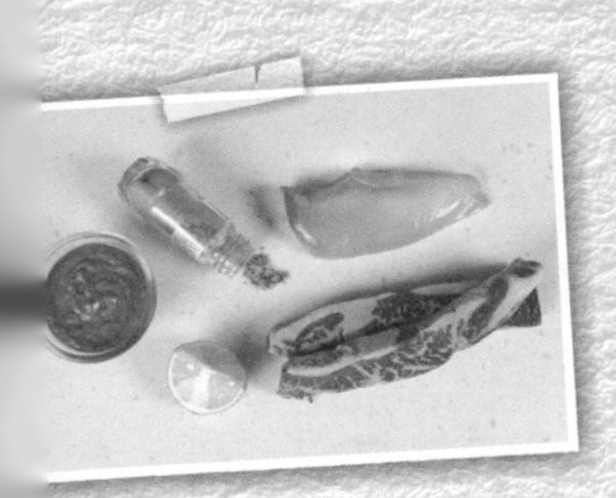

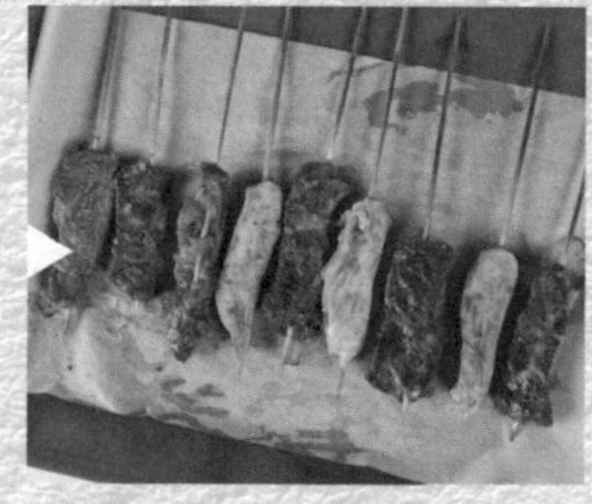

1 雞胸肉切成條狀。
2 無骨牛小排切成條狀。
3 將沙嗲醬及薑黃粉與肉條混合，醃約5分鐘備用。
4 醃好的的肉條以竹籤串起。
5 烤箱預熱至160℃，放入肉串烤約8分鐘即可盛盤。
6 最後附上檸檬角及沙嗲醬即可完成。

亦可搭配本書其他醬料：照燒醬（p.035）、韓式烤肉醬（p.037）、海鮮胡椒醬（p.066）、韓式辣炒醬（p.115）

Chapter 04

夏日炎炎沒胃口，清爽健康享蔬食

炎炎夏日沒胃口，快跟著史丹利老師學習製作醬中醬的清爽醬汁，搭配冰鎮涼爽清拌的蔬食料理，讓你再熱也有好胃口喔！

富含鋅的鮮蚵搭配蒜泥，
吃到滿滿的營養！
爐煎蒜泥鮮蚵

【蒜泥醬】

甜醬油再進化▶ 蒜頭與醬油及砂糖混合後，反降低蒜的辛辣味，使整體醬料更溫和。蒜泥醬不論搭配任何肉類、蔬菜，都可為食材增添風味，實用又百搭。

份量：2～4人份　料理時間：2分鐘

事前準備：完成甜醬油製作
（甜醬油做法詳見p.026）

使用物品：
手持調理棒（若無調理棒，可使用刀切碎蒜頭，再攪拌所有材料）

材料：

蒜頭10瓣
梅子粉1小匙　開水80c.c.
甜醬油150c.c.　香油1大匙

Step 1 2

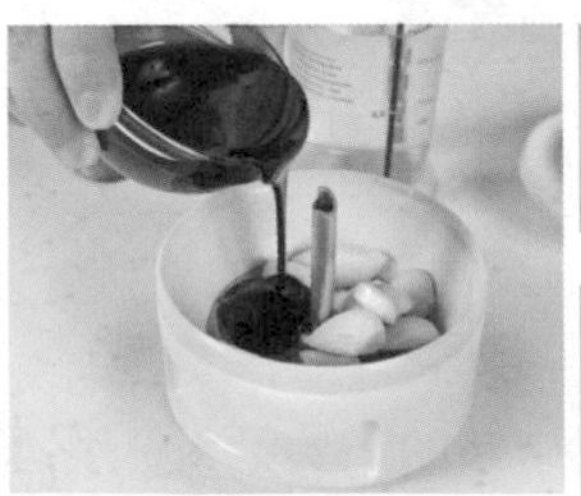

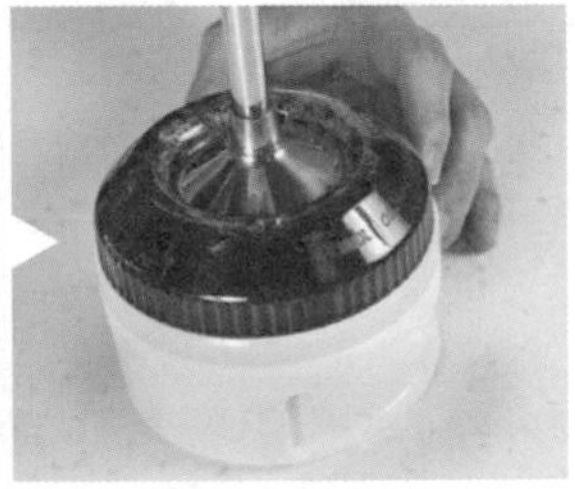

1 將所有材料放到調理棒容器中。
2 以手持調理棒打成泥狀即可完成。

Point

李建軒Stanley小提醒

將蒜頭這類會發芽的根莖食物以報紙包起來，有隔絕水氣的作用。

蒜泥醬運用於本書料理：
芝麻醬（p.073）

【芝麻醬】

蒜泥醬再進化▶ 結合自製的簡單蒜泥醬，入口散發陣陣芝麻香，不論搭配黃瓜絲、涼菜、肉類或拌涼麵，都讓人食慾大開。

份量：
2～4人份

料理時間：
2分鐘

事前準備：
完成蒜泥醬製作
（蒜泥醬做法詳見p.072）

材料：

蒜泥醬5大匙
白芝麻醬3大匙
花椒粉1小匙
開水100c.c.

1 將白芝麻醬、花椒粉及水拌勻。
2 最後加入蒜泥醬攪拌均勻即可完成。

Point

李建軒Stanley小提醒

本食譜以少油健康為取向，若想吃醬料香味較濃重的人，可先將白芝麻醬略為拌炒，以喚醒白芝麻香氣，再與水及花椒粉調和。

芝麻醬運用於本書料理：
怪味醬（p.074）

炎熱的夏天最適合吃涼麵，
讓怪味醬增添涼麵的風味！
怪味雞絲涼麵

【怪味醬】

芝麻醬再進化

以口感滑順濃郁的花生醬，拌入香菜及多種醬料，調配出味道多元、層次豐富的中式醬料，可搭配涼菜、涼麵，提升整體風味。

份量：2～4人份

料理時間：2分鐘

事前準備：
完成芝麻醬製作
（芝麻醬做法詳見p.073）

使用物品：
易拉轉
（無易拉轉可使用任何攪拌工具）

材料：

芝麻醬5大匙
香菜5g
花生醬2大匙
開水30c.c.
白醋1大匙
辣油1大匙

Step

1 香菜取梗切成細末備用。
2 將開水加入花生醬中。
3 再加入白醋。
4 以湯匙仔細攪拌均勻。
5 將拌好的花生醬倒入易拉轉。
6 再加入辣油及芝麻醬。
7 最後加入切碎的香菜。
8 以易拉轉攪拌所有食材即可完成。

李建軒Stanley小提醒

花生醬比較濃稠，須先以開水及白醋攪拌均勻，才容易融合其他材料。

怪味醬運用於本書料理：涼粉拌雞絲（p.076）

Delicious

美味搭配

涼粉拌雞絲

示範搭配醬料：怪味醬

鮮嫩雞肉絲配上低熱量的綠豆粉條，兼具美味與健康，淋上自製怪味醬，層次豐富，清爽又開胃。大家也可以依自己喜好，自由搭配芝麻醬、甜辣醬或椒麻汁，都非常適合。

份量：1～2人份

料理時間：12分鐘

事前準備：
完成怪味醬製作
（怪味醬做法詳見p.074）

使用物品：
不鏽鋼休閒鍋（若無不鏽鋼休閒鍋，亦可以任何鍋具代替）、不沾鍋

材料：

雞胸肉1/2附
小黃瓜50g
香菜5g
綠豆粉條50g
怪味醬5大匙

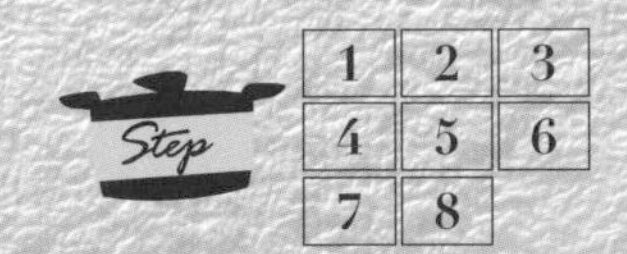

1 將雞胸肉放入不鏽鋼鍋煮熟。
2 綠豆粉條放至不沾鍋中燙熟。
3 將煮熟的雞胸肉夾起放涼後，撥成細絲。
4 將燙熟的綠豆粉條夾起待涼備用。
5 小黃瓜切成絲。
6 香菜切碎。
7 將切碎的香菜加入怪味醬中拌勻備用。
8 綠豆粉條墊底排盤，再依序放上小黃瓜絲及雞絲，淋上醬汁即可完成。

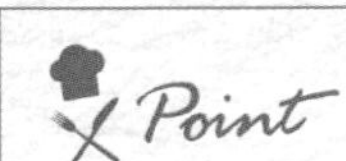

李建軒Stanley小提醒

雞胸肉以冷水開始煮，代替水沸騰再放入鍋中燙熟的做法，可使雞胸肉更軟嫩多汁。

亦可搭配本書其他醬料：
芝麻醬（p.073）、甜辣醬（p.078）、椒麻汁（p.121）

【甜辣醬】

番茄醬再進化

美味百搭的甜辣醬，不管是當作涼拌醬、沾醬或煮醬，都非常的合適喔。

份量：2～4人份

料理時間：3分鐘

事前準備：
完成番茄醬製作（番茄醬做法詳見p.027）

使用物品：
不沾鍋、手持調理棒（若無調理棒，亦可使用果汁機或食物調理機）

材料：

番茄醬4大匙
蜂蜜3大匙
水100c.c.
味增1大匙
紅辣椒1/2支

1. 以手持調理棒將紅辣椒打成泥備用。
2. 接著將所有材料及步驟1的紅辣椒泥拌勻熬煮即可完成。

甜辣醬運用於本書料理：
五味醬（p.079）

史丹利親自示範美味秘訣！
五味醬中卷

【五味醬】

甜辣醬再進化

酸甜醬汁搭配許多辛香料作為佐料，讓五味醬的美味層次提升到最高點。

份量：2～4人份

料理時間：2分鐘

事前準備：完成甜辣醬製作（甜辣醬做法詳見p.078）

使用物品：
手持調理棒（若無調理棒，亦可使用果汁機或食物調理機）

材料：

甜辣醬5大匙
香菜5g
薑5g
蒜5g
烏醋1大匙
香油1大匙

Step 1 2

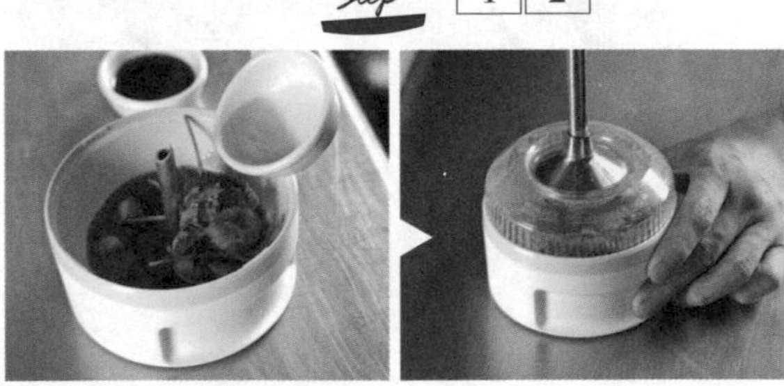

1 將所有材料放入容器中。
2 以手持調理棒打勻成醬汁即可完成。

Point

李建軒Stanley小提醒

因為香菜的葉子比較容易變黑變苦，大家在步驟1中，也可以只取香菜的梗，讓醬料香氣更為濃重。

五味醬運用於本書料理：
冰脆涼苦瓜（p.080）

Delicious

美味搭配

冰脆涼苦瓜

示範搭配醬料：五味醬

不受小朋友歡迎的苦瓜，只要切成薄片並浸泡冰水中冰鎮，不但可以去除苦味，還能帶出爽口涼脆的口感喔！在此示範搭配層次豐富的五味醬，若喜歡口味偏甜且帶濃郁奶蛋香的人，可搭配自製蛋黃醬或凱薩醬。習慣中式口味的人，也可以搭配甜辣醬喔。

份量：**2～4人份**　料理時間：**8分鐘**

事前準備：完成五味醬製作（五味醬做法詳見p.079）

材料：苦瓜1/2條、五味醬3大匙

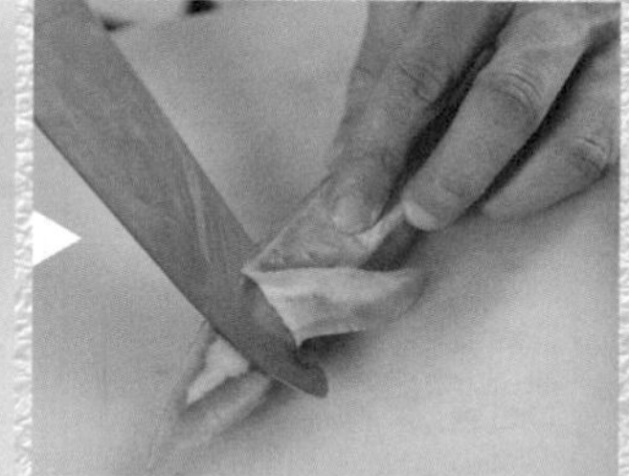

1 苦瓜以湯匙去籽。

2 再以刀子去囊。

3 將苦瓜切成斜薄片，泡冰水至略為透明後瀝乾，再將苦瓜盛入盤中，淋上五味醬即可完成。

【義大利油醋汁】

油醋汁再進化

清爽簡單的油醋汁，添加辛香料呈現出不同的風味，搭配清爽的生菜沙拉，健康又開胃！

份量：2～4人份

料理時間：2分鐘

事前準備：
完成油醋汁製作（油醋汁做法詳見p.033）

使用物品：
易拉轉（若無易拉轉可使用刀具將材料切碎）

材料：

油醋汁150c.c.
蒜頭1瓣
洋蔥15g

1 將洋蔥及蒜頭用易拉轉切碎。
2 將油醋汁倒入易拉轉拌勻即可完成。

李建軒Stanley小提醒

建議大家製做完的醬汁可以拌勻倒入玻璃罐中，放置陰涼處約一天，不但讓醬汁更加入味，搭配料理時風味更佳。（醬料的保存方式詳見p.022）

義大利油醋汁運用於本書料理：
莎莎醬（p.082）

【莎莎醬】

義大利油醋汁再進化

運用多種水果的果酸甜味製作而成的莎莎醬，入口後散發出水果清香芬芳的味道。

份量：2～4人份

料理時間：5分鐘

事前準備：
完成義大利油醋汁製作
（義大利油醋汁做法詳見p.081）

使用物品：
易拉轉
（若無易拉轉可使用刀具將材料切碎）

材料：

義大利油醋汁100c.c.
牛番茄1顆
芒果50g
洋蔥30g
蒜頭1瓣
香菜5g
檸檬汁2大匙
辣椒水（Tabasco）1小匙

Step

1	2	3
4	5	6
7	8	

1 將番茄切小丁。
2 將芒果切小丁。
3 將洋蔥、蒜頭用易拉轉切碎。
4 香菜洗淨瀝乾後，用刀切碎備用。
5 所有材料混合，加入義大利油醋汁。
6 加入適量辣椒水。
7 加入檸檬汁。
8 最後用易拉轉輕拉一次，使所有材料充分混合即可（若家中無易拉轉，也可將所有食材倒入大碗，用湯匙將所有料輕輕攪拌混合）。

李建軒Stanley小提醒

色澤多彩美麗的莎莎醬，嚐起來味道非常豐富，是一道非常適合向人展示自己手藝的料理。因為香菜的葉子容易發黑變苦，建議大家食用時再拌入香菜，避免色澤及味道變質。

Delicious

美味搭配

爐烤野菜盤

示範搭配醬料：油醋汁

挑選五顏六色的繽紛蔬果，烹調出香味四溢的蔬菜盤，搭配以橄欖油自製的微酸的油醋汁，清爽又解膩。此外，大家也可以搭配以油醋汁加料延伸的義大利油醋汁，或是帶有果香的莎莎醬，就能輕鬆享受健康無負擔的美味蔬食！

份量：2～4人份

料理時間：5分鐘

事前準備：
完成油醋汁製作
（油醋汁做法詳見p.033）

使用物品：
不沾鍋、矽膠鏟夾

材料：

黃櫛瓜30g
綠櫛瓜30g
玉米筍4根
小番茄4顆
蘑菇4顆
綜合生菜100g
蒜頭1瓣
鹽、胡椒適量
油醋汁80c.c.

1 將黃櫛瓜切圈片狀。
2 綠櫛瓜切圈片狀。
3 將玉米筍切半
4 將番茄切半。
5 蘑菇切成1/4備用。
6 將蒜頭切成薄片。
7 將黃綠櫛瓜片、玉米筍、蘑菇及小番茄撒上鹽及胡椒備用。
8 不沾鍋入油，將黃綠櫛瓜片煎至兩面上色。
9 放入切好的玉米筍、蘑菇及小番茄。

10	11	12
13		

10 再加入蒜頭拌炒即可盛起。
11 將綜合生菜及熟的蔬菜放進鋼盆中。
12 淋上油醋汁。
13 用矽膠夾攪拌均勻後盛入盤中即可完成。

李建軒Stanley小提醒

許多人做菜時會將香菇泡水，但蘑菇則不可事先泡水或清洗。在步驟**5**中，菇類避免碰到水分，大家可以先用餐巾紙擦拭蘑菇表面黑點，再切成**1/4**備用。炒菇類時，不另外添加油拌炒，直接乾炒才會更香喔！

亦可搭配本書其他醬料：

凱薩醬（p.052）、義大利油醋汁（p.081）、莎莎醬（p.082）

【海鮮滷汁】

南蠻漬醬汁再進化

加入各種調味料與自製的南蠻漬醬汁，以慢火燒出醬油香氣，搭配海鮮一起滷，可提升鮮味。

份量：2～4人份

料理時間：5分鐘

事前準備：
完成南蠻漬醬汁製作
（南蠻漬醬汁做法詳見p.034）

使用物品：不沾鍋

材料：

南蠻漬醬汁200c.c.
味醂50c.c.
醬油40c.c.
清酒30c.c.
二砂糖30g

Step 1 2

1 將所有食材倒入不沾鍋中，攪拌熬煮至糖溶化即可熄火。
2 將熬煮好的醬汁倒出放涼。

李建軒Stanley小提醒

將二砂糖先炒過再與其餘材料熬煮，可增添焦糖香氣，嚐起來層次更豐富。

海鮮滷汁運用於本書料理：
和風醬（p.088）

【和風醬】

海鮮滷汁再進化

運用法式芥末籽醬、橄欖油及味醂所調出獨具日式風格的和風醬，做法簡單不費時，非常適合搭配冷拌生菜。

份量：2～4人份

料理時間：3分鐘

事前準備：
完成海鮮滷汁製作
（海鮮滷汁做法詳見p.087）

使用物品：易拉轉（若無易拉轉，亦可用湯匙拌勻）

材料：

海鮮滷汁30c.c.
橄欖油100c.c.
芥末籽醬20g
開水30c.c.
味醂40c.c.

1 2

1 將所有材料倒入易拉轉使所有材料均勻混合。

2 將醬汁倒出即可完成。

李建軒Stanley小提醒

食材中的芥末籽醬味道偏酸，建議可依個人喜好調整酸度。

和風醬運用於本書料理：

胡麻醬（p.089）
柴魚山藥冷麵（P.090）

【胡麻醬】

和風醬再進化

堪稱經典日式風味的胡麻醬，不論沾什麼都對味，非常百搭！

份量：2～4人份

料理時間：3分鐘

事前準備：
完成蛋黃醬和風醬製作（蛋黃醬做法詳見p.032、和風醬做法詳見p.088）

使用物品：易拉轉

材料：

和風醬60c.c.
白芝麻醬30g
蛋黃醬（美乃滋）50g
芥末籽醬20g
開水50c.c.

1 將所有材料倒入易拉轉使所有材料均勻混合。
2 將醬汁倒出即可完成。

Point

李建軒Stanley小提醒

若無易拉轉，亦可將所有食材倒入碗中，以湯匙攪拌。但須先拌勻和風醬、白芝麻醬、蛋黃醬及芥末籽醬，最後再加水調勻，避免油水分離。

美味搭配

柴魚山藥冷麵

示範搭配醬料：和風醬

山藥不只用來熬湯，還能作為開胃的清爽冷食。如髮絲般的山藥細麵，吃起來口感滑順，既養身又健胃。淋上自製的和風醬汁、灑上柴魚片，保證讓你讚不絕口！若喜歡芝麻香氣的人，也可以搭配本書的胡麻醬或芝麻醬喔！

Step

1	2
3	4
5	

份量：
1～2人份

料理時間：
5分鐘

事前準備：
完成和風醬製作
（和風醬做法詳見p.088）

材料：

日本山藥100g
柴魚片10g
蔥10g
七味粉2g
和風醬50c.c.

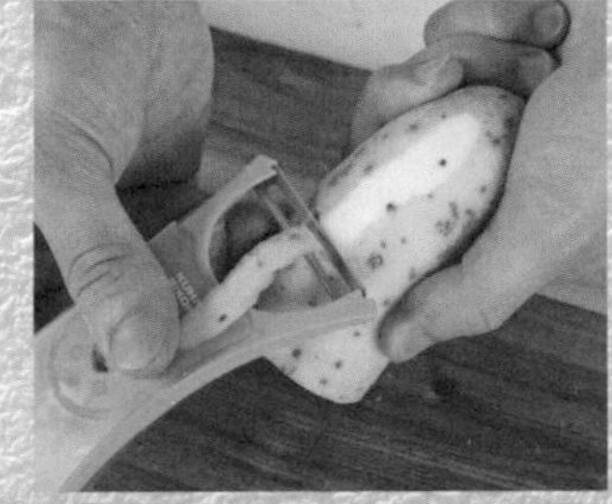

1 將山藥削皮。
2 將山藥切細絲成麵條。
3 蔥切成蔥花備用。
4 山藥細麵盛入盤中，撒上柴魚片。
5 撒上蔥花、七味粉，最後淋上醬汁即可完成。

Point

李建軒Stanley小提醒

山藥的黏液顧脾胃，建議不要用水洗掉，才可保留食材的營養及功效。

亦可搭配本書其他醬料：胡麻醬（p.089）、芝麻醬（p.073）

Chapter 05

大展身手宴親友，自信變出滿桌好菜

在這個章節中，我將帶領大家認識更多中式、西式、日韓、南洋風味的經典不敗醬料。許多人招待親友時，都會特地從食譜中尋找靈感，卻常常忽略了醬汁的功用。你知道嗎？花費大把時間與心力做出滿桌好菜，只要加上自製的醬汁，立刻為料理加分，省時方便又事半功倍！

【醬燒汁】

熱炒醬再進化 取代紅燒概念調製而成的萬用醬燒汁，不論燒、滷、燉食材，都能輕鬆為料理加分！

份量：2～4人份

料理時間：2分鐘

事前準備：
完成番茄醬、熱炒醬製作
（番茄醬做法詳見p.027、熱炒醬做法詳見p.029）

材料：

熱炒醬3大匙
番茄醬1大匙
水3大匙
二砂糖1大匙

1 2

1 將所有材料加入碗中。
2 攪拌均勻即可完成。

醬燒汁運用於本書料理：
醬爆汁（p.095）

【醬爆汁】

醬燒汁再進化

醬爆汁是熱炒海鮮時的最佳選擇，鹹甜帶鮮的滋味，是讓料理變美味的秘密。

份量：2～4人份

料理時間：2分鐘

事前準備：
完成醬燒汁製作
（醬燒汁做法詳見p.094）

材料：

醬燒汁2大匙
甜麵醬2大匙
辣豆瓣醬1大匙
二砂糖1大匙

1 將所有材料加入碗中。
2 攪拌均勻即可完成。

鐵板臭豆腐

示範搭配醬料：熱炒醬

煎至金黃的臭豆腐吸附熱炒醬後，香味四溢，搭配汆燙的筍子、豆莢等蔬菜，是道非常下飯的料理。除了在此示範搭配的熱炒醬，大家也可以依自己喜好搭配最適合拌炒食材的醬燒汁、醬爆汁或腐乳豆瓣醬。

份量：
1～2人份

料理時間：
2分鐘

事前準備：
完成熱炒醬製作（熱炒醬做法詳見p.029）

使用物品：
不沾鍋、矽膠鑵夾

材料：

臭豆腐2塊
筍子15g
胡蘿蔔15g
甜豆莢5個
蒜頭1瓣
蒜苗15g
蔥5g
洋蔥20g
熱炒醬3大匙
黑胡椒3g
香油1小匙
雞高湯（或水）100 c.c.

1 蒜苗斜切。
2 筍子切片。
3 胡蘿蔔切片。
4 蒜頭切碎。
5 洋蔥切絲。
6 蔥切絲。

7	8	9
10	11	12
13	14	15

7 臭豆腐切十字刀。

8 不沾鍋起滾水將胡蘿蔔、甜豆莢、筍子燙熟。

9 燙熟後將食材撈起備用。

10 臭豆腐略為汆燙備用。

11 將臭豆腐放入不沾鍋煎熟。

12 煎至表面呈金黃色澤，即可盛起備用。

13 同上鍋炒香蒜碎後加入調味料（熱炒醬、黑胡椒、香油）及雞高湯（或水）。

14 放入臭豆腐大火拌炒。

15 最後加入其餘蔬菜、淋上香油即可完成。

李建軒Stanley小提醒

許多人對臭豆腐是又愛又怕，常有人擔心買來的臭豆腐不衛生，建議大家料理時可先用鹽水汆燙臭豆腐，以去除表面髒物及黏液。

亦可搭配本書其他醬料：醬燒汁（p.094）、醬爆汁（p.095）、腐乳豆瓣醬（p.044）

【青蔥醬】

蔥油汁再進化 自製的蔥油汁趁熱澆淋在翠綠新鮮的青蔥，帶出蔥的香氣，是拌飯、拌麵的最佳選擇喔！

份量：2～4人份

料理時間：2分鐘

事前準備：
完成蔥油汁製作（蔥油汁做法詳見p.031）

使用物品：
不沾鍋、不鏽鋼容器

材料：

蔥3支
薑1小塊
蒜頭1瓣
蔥油汁100c.c.
鹽1大匙

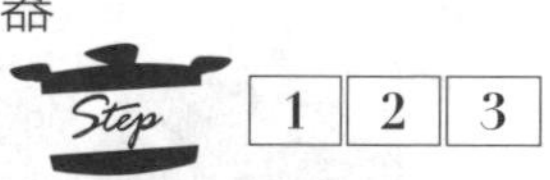

1 將蔥花、薑末及蒜末裝入不鏽鋼碗和鹽一起拌勻備用。
2 將蔥油汁大火加熱1至2分鐘熄火。
3 將滾燙的蔥油汁澆淋至步驟1 的不鏽鋼碗拌勻即可完成。

李建軒Stanley小提醒

因為熱油的溫度極高，在步驟1中應使用不鏽鋼碗，切勿使用瓷器或玻璃容器盛裝熱油，否則會使容器裂開，非常危險！

青蔥醬運用於本書料理：
蔥油雞（p.100）

Delicious

美味搭配

蔥油雞

示範搭配醬料：青蔥醬

表皮酥脆的香煎鮮嫩雞腿肉，搭配青蔥醬更能襯出雞肉柔軟多汁的口感，吃進一口便感到滿滿的幸福。若不喜歡吃蔥，也可以搭配本書的蔥油汁喔！

份量：
1～2人份

料理時間：
25分鐘

事前準備：
完成青蔥醬製作
（青蔥醬做法詳見p.099）

使用物品：
不沾鍋、矽膠鏟夾

材料：

去骨雞腿2支
薑片2片
花雕酒1大匙
醬油1/2小匙
鹽1/4小匙
青蔥醬3大匙

Step

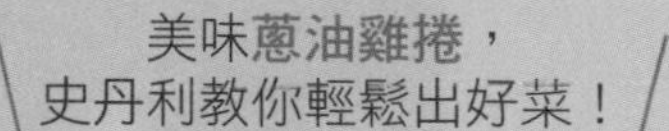

1 將去骨雞腿加入所有醃料（花雕酒、醬油、鹽）。
2 加入薑片。
3 用手將去骨雞腿抓醃10分鐘備用。
4 入鍋中蒸約12分鐘取出待涼。
5 取平底鍋，將雞腿肉以中火煎至外皮上色焦脆。
6 將煎好的雞腿肉切片排盤。
7 淋上青蔥醬。
8 大功告成。

李建軒Stanley小提醒

在步驟5中，我們將蒸熟的去骨雞腿肉稍微煎過，使口感更酥脆，喜歡吃清蒸口感的人可以跳過此步驟。

亦可搭配本書其他醬料：蔥油汁（p.031）

Batter sauce

進入西式主菜醬料前，先學習調製麵糊醬

煮廚教你製作麵糊醬

看完前面介紹的中式經典醬料，接下來要教大家西式的常見主菜搭配醬料。西式的**蘑菇醬**和**黑胡椒醬**是搭配肉排、鐵板麵等料理的最佳醬料，在接下來這兩道醬汁的食譜中，都會添加麵糊醬，讓醬汁更濃稠，因此我先在這邊教大家如何製作道地的西式麵糊醬。

中式料理常以太白粉水勾芡，西式料理則以麵糊醬勾芡。麵糊醬的製作方式很簡單，只需將低筋麵粉與奶油以1：1的比例拌炒，就大功告成囉！

▶**材料**：低筋麵粉1大匙、奶油1大匙

step 1. 將一大匙奶油加入不沾鍋中，以小火煮至溶化。

step 2. 奶油融化後，緩緩加入低筋麵粉，一邊倒一邊攪拌。

step 3. 攪拌炒至均勻即可完成。

史丹利小教室

麵粉的選擇

製作麵糊醬時要選用「低筋麵粉」，為何不選中筋或高筋麵粉呢？因為麵糊醬是用來勾芡用的，我們不需要中筋或高筋麵粉裡蛋白質的筋性，只需要它的黏稠性，所以選用低筋麵粉就可以囉！

麵糊醬的製作量與保存

有些飯店或西餐廳因為麵糊醬用量較大，會一次做出大份量的，放入夾鏈袋中冰起來，要用時再挖一大匙調入料理中。雖然這樣很方便，但若所需的量不多，我會建議料理需要時再調配，製作出來的麵糊醬才會比較新鮮。

李建軒Stanley小提醒

❶ 用奶油拌炒是最正宗的做法，如果擔心奶油熱量太高的人，可以用水取代奶油，但是這個做法會有生粉味，且少了奶油的香味。

❷ 麵粉可能因受潮而結成顆粒，建議調配麵糊醬時，先將麵粉過篩，才能攪拌均勻喔！

【蘑菇醬】

帶有奶油香的濃郁蘑菇醬，不論煮湯、搭配義大麵或肉排等，都非常美味！

份量：
2～4人份

料理時間：
15分鐘

事前準備：
完成雞高湯、麵糊醬製作（雞高湯做法詳見p.016、麵糊醬作法詳見p.102）

使用物品：
不沾鍋、易拉轉（若無易拉轉，亦可使用刀具將材料切碎）

材料：

蘑菇8朵
洋蔥1/4顆
去皮蒜頭2瓣
奶油1大匙
月桂葉1片
鮮奶油50c.c.
雞高湯300c.c.
麵糊醬2大匙
鹽1/2小匙
白胡椒粉1/4小匙

Step

1	2	3
4	5	6
7	8	9

1 蘑菇切片。
2 洋蔥以易拉轉切碎備用。
3 去皮蒜頭以易拉轉切碎備用。
4 起鍋乾炒蘑菇片。
5 加入奶油。
6 接著加入洋蔥碎炒至褐色帶透明。
7 再加入蒜碎炒香，倒入白酒煮至酒精揮發。
8 加入麵糊醬拌勻，再加入雞高湯及月桂葉以小火熬煮約10分鐘至濃稠。
9 最後將鍋子離火，加入鮮奶油，以鹽及白胡椒粉調味即可完成。

李建軒Stanley小提醒

製作蘑菇醬時，最後一步驟加入鮮奶油須將鍋子離火，避免溫度過高導致蛋白質分離。

【黑胡椒醬】

胡椒粗粒經奶油拌炒後，香味四溢。以慢火熬煮成濃郁醬料，搭配香煎的肉排更是絕配！

份量：2～4人份

料理時間：8分鐘

事前準備：
完成雞高湯、麵糊醬製作
（雞高湯做法詳見p.016、麵糊醬作法詳見p.102）

使用物品：
不沾鍋、易拉轉
（若無易拉轉，亦可使用刀具將材料切碎）

Step

材料：

洋蔥1/4顆
去皮蒜頭2瓣
奶油2大匙
黑胡椒粗粒2大匙
醬油膏3大匙
鹽1小匙
糖1小匙
雞高湯300c.c.
麵糊醬2大匙

1 將洋蔥及去皮蒜頭分別以易拉轉切碎取出備用。
2 取不沾鍋加入奶油。
3 將洋蔥以小火炒至褐色透明狀。
4 加入蒜碎及黑胡椒粗粒炒香。
5 最後加入其餘調味料（醬油膏、鹽及糖）及雞高湯燒煮。
6 再加入麵糊醬熬煮至濃稠即可完成。

【番茄紅醬】

以新鮮番茄為主角，加入多種香料、蔥蒜碎拌炒，色澤鮮豔美麗，不論搭配義大利麵、披薩、燉飯、麵包等，都能讓口腹幸福又滿足！

份量：
2～4人份

料理時間：
10分鐘

事前準備：
完成雞高湯製作
（雞高湯做法詳p.016）

使用物品：
不沾鍋、易拉轉（若無易拉轉，可使用刀具將材料切碎）

材料：

牛番茄3顆
洋蔥1/4顆
去皮蒜頭2瓣
番茄糊1大匙
橄欖油3大匙
鹽1小匙
糖1小匙
研磨胡椒1/2小匙
月桂葉1片
百里香1支
雞高湯100c.c.

1 將牛番茄劃十字刀。
2 起滾水，將番茄入鍋燙煮約10秒撈起。
3 將燙過的番茄泡冰水降溫。
4 將番茄去皮。
5 將番茄去蒂。
6 將去皮番茄放入易拉轉。
7 加入洋蔥及去皮蒜頭，以易拉轉切碎備用。
8 起鍋入橄欖油，將洋蔥以小火炒至褐色透明狀。
9 再加入蒜碎泥、月桂葉、百里香及番茄糊炒香。
10 加入番茄碎泥。
11 加入雞高湯、鹽、胡椒及糖調味。
12 攪拌至熬煮收汁即可完成。

學會青醬，輕鬆就能搭配做出美味拌飯！
海鮮羅勒青醬拌飯

【羅勒青醬】

以新鮮羅勒製成的青醬，色澤鮮亮翠綠，製作時空氣中瀰漫著淡淡的迷人香氣，不論搭配燉飯、義大利麵、披薩、海鮮，都能在視覺及味覺上帶給你大大的滿足。

份量：2～4人份

料理時間：8分鐘

使用物品：
不沾鍋、手持調理棒（若無調理棒，亦可使用任果汁機或食物調理機）

Step
1 2
3 4
5 6

材料：

羅勒葉50g
去皮蒜頭2瓣
核桃30g
帕馬森起司粉20g
橄欖油150c.c.
檸檬半顆
鹽1/4小匙
研磨胡椒1/6小匙

★羅勒葉亦可用九層塔取代

Point

李建軒Stanley小提醒

美麗的羅勒青醬充滿香氣。在步驟2中，羅勒葉經過汆燙後，能使醬料色澤更為翠綠。此外，添加現擠的新鮮檸檬汁，檸檬的酸可延長醬料保色的時間。

羅勒青醬運用於本書料理：爐烤鮮蔬鮭魚排（p.112）

1 取平底鍋將核桃以乾鍋烘烤待涼備用。
2 起滾水，將羅勒葉燙熟約5秒。
3 將燙過的羅勒葉撈起泡冰水。
4 再取出擠乾水分備用。
5 將所有材料（羅勒葉、去皮蒜頭、核桃、帕馬森起司粉、橄欖油、鹽、研磨胡椒）加入調理棒容器，再擠入檸檬汁。
6 最後以調理棒攪碎成醬即可完成。

爐烤鮮蔬鮭魚排

示範搭配醬料：羅勒青醬

味道鮮美的香煎鮭魚排，結合多種燙熟的蔬菜，吃起來清爽又健康。這道料理不論搭配西式醬料中的蘑菇醬、黑胡椒醬、番茄紅醬，或是在此示範的羅勒青醬，都能突顯截然不同的風味喔！

份量：
1～2人份

料理時間：
10分鐘

事前準備：
完成羅勒青醬製作
（羅勒青醬做法詳見p.110）

使用物品：
不沾鍋

材料：

鮭魚300g
中馬鈴薯1顆
（或小馬鈴薯2顆）
胡蘿蔔50g
青花菜40g
去皮蒜頭2瓣
奶油1大匙
鹽1/4小匙
研磨胡椒1/6小匙
羅勒青醬2大匙

1 蒜頭切片。
2 馬鈴薯切薄片。
3 胡蘿蔔斜切條狀。
4 青花菜去除纖維切成小朵狀。
5 鮭魚撒上鹽及胡椒備用。
6 將馬鈴薯片、胡蘿蔔條、青花菜燙熟後撈起備用。

7	8	9
10	11	12

7 另起鍋，入奶油及蒜片炒香。
8 加入蔬菜拌炒。
9 再以鹽及胡椒調味，即可撈起備用。
10 同上鍋，將鮭魚皮朝下煎至出油。
11 加入蒜片爆香，煎至鮭魚焦黃熟透盛盤。
12 擺上蔬菜、淋上羅勒青醬即可完成。

李建軒Stanley小提醒

煎鮭魚塊時，將魚皮朝下置於鍋中，不但可逼出多餘油脂，還能保有魚的完整性，使之較不易破散，完美成形。

亦可搭配本書其他醬料：
蘑菇醬（p.104）、黑胡椒醬（p.106）、番茄紅醬（p.108）

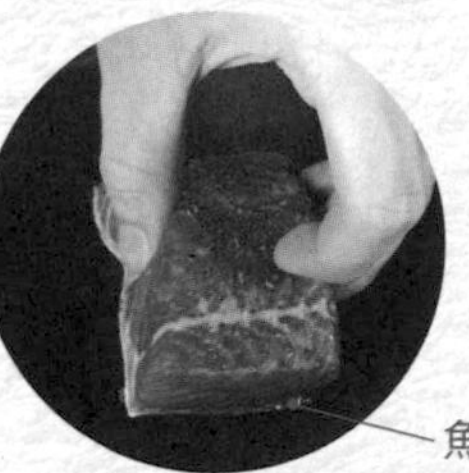

【韓式辣炒醬】

韓式烤肉醬再進化

微辣又帶點鹹甜的韓式辣炒醬，不論作為炒醬、沾醬，甚至拌飯都非常美味！

份量：
2～4人份

料理時間：
6分鐘

事前準備：
完成韓式烤肉醬製作
（韓式烤肉醬做法詳見p.037）

使用物品：
不沾鍋、打蛋器、矽膠鑵夾

材料：

韓式烤肉醬50c.c.
糯米粉40g
水20c.c.
味噌30g
二砂糖15g
韓國辣椒粉30g
白醋1小匙

李建軒Stanley小提醒

許多人在吃韓式料理時，常好奇為何醬料口感如此濃稠，其實關鍵就在「糯米粉」。在步驟6中，我們將煮過的糯米粉麵糰加入醬料打勻，就是為了增加醬料的黏稠性。

韓式辣炒醬運用於本書料理：
韓式拌飯（p.117）

1. 將韓式烤肉醬、味噌、二砂糖及韓國辣椒粉放入碗中。
2. 將上述材料混合均勻備用。
3. 將糯米粉與水混合。
4. 將糯米粉麵糰揉拌成糰。
5. 再將麵糰壓成薄片。
6. 將麵糰放入滾水中煮至浮起，再煮2分鐘以矽膠鏟夾夾起。
7. 趁熱將麵糰加入步驟2的醬料。
8. 趁熱以打蛋器快速打散攪拌。
9. 加入白醋，以打蛋器拌勻即可完成。

韓式拌飯

示範搭配醬料：韓式辣炒醬

在炙熱的石鍋中鋪上白飯及滿滿好料，再拌入自製的韓式辣炒醬或韓式烤肉醬，最後打上一顆新鮮雞蛋，就能輕鬆創造最簡單的幸福滋味。若不習慣韓式口味的人，也可以搭配黑胡椒醬。享用時，以湯匙攪拌石鍋裡的食材，聽著滋滋作響的聲音，簡直讓人難以抗拒！

份量：
1人份

料理時間：
5分鐘

事前準備：
煮熟白飯1碗、
完成韓式辣炒醬製作
（韓式辣炒醬做法詳p.115）

使用物品：
不沾鍋、石鍋
（若無石鍋，亦可用陶鍋取代）

材料：

白飯1碗
火鍋豬肉片6片
綠豆芽菜30g
胡蘿蔔絲30g
青江菜1顆
海帶芽5g
泡菜30g
韓式辣炒醬1大匙
麻油2大匙
雞蛋1顆
白芝麻1/4小匙

1 將海帶芽泡水至發脹。
2 青江菜切絲備用。
3 胡蘿蔔切絲備用。
4 將梅花豬肉片、綠豆芽菜、胡蘿蔔絲、青江菜絲及泡發海帶芽放入鍋中。
5 再以麻油拌炒至熟備用。
6 將石鍋加熱後，於鍋內抹上麻油。

7	8	9
10	11	12

7 將白飯沿著抹上麻油的石鍋舖底。
8 放上泡菜。
9 再放上韓式辣炒醬。
10 放上步驟5的所有熟料。
11 打入一顆雞蛋。
12 最後撒上白芝麻即可完成。

李建軒Stanley小提醒

在石鍋內抹上麻油，可防止米飯沾黏，同時產生的鍋巴帶有焦香味，不但增加口感，也比較容易挖起。

亦可搭配本書其他醬料：
韓式烤肉醬（p.037）、黑胡椒醬（p.106）

泰式料理一定
不能少了**打抛豬**，
快來看看怎麼做吧！

【酸辣醬】

泰式甜辣醬再進化

加入砂糖熬煮的酸辣醬，具有酸甜帶辣的好滋味，是南洋醬料中最經典不敗的醬料！

份量：2～4人份

料理時間：5分鐘

事前準備：完成泰式甜辣醬製作（泰式甜辣醬做法詳見p.039）

使用物品：不沾鍋、手持調理棒（若無調理棒，亦可使用果汁機或食物調理機）

材料：

泰式甜辣醬3大匙	朝天椒1支
二砂糖1大匙	蒜頭2瓣
檸檬1顆	橄欖油1小匙

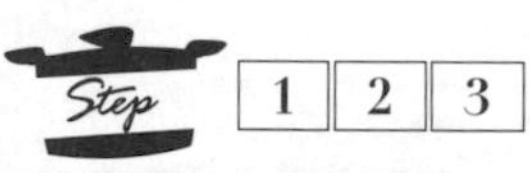

1. 朝天椒及蒜頭以手持調理棒打成泥備用。
2. 起鍋入橄欖油，炒香調理棒切碎的辣椒蒜泥後，再加入糖。
3. 加入泰式甜辣醬及檸檬擠汁略為熬煮，持續攪拌至糖溶化即可完成倒出。

酸辣醬運用於本書料理：
椒麻汁（p.121）

【椒麻汁】

酸辣醬再進化

結合魚露及各式辛香料，是南洋口味的沾醬首選。

份量：2～4人份
料理時間：3分鐘
事前準備：完成酸辣醬製作
（酸辣醬做法詳見p.120）
使用物品：不沾鍋

材料：

酸辣醬3大匙	二砂糖1大匙
泰式魚露2大匙	香油1小匙
薑15g	花椒粉2g
醬油2大匙	水30c.c.

1 將香油略為燒熱後，沖入花椒粉中待涼備用。
2 取薑磨成泥後，將所有材料加入步驟1中拌勻即可完成。

李建軒Stanley小提醒

將熱油沖入花椒粉中，才能散發出香氣。

椒麻汁運用於本書料理：
泰式椒麻雞（p.122）

Delicious 美味搭配

泰式椒麻雞

示範搭配醬料：椒麻汁

自製麻中帶香的椒麻汁，搭配剛炸好的酥脆雞腿肉，及新鮮爽脆的高麗菜絲，簡直是生活中的一大享受。若不喜歡胡椒的麻味，也可以改搭泰式甜辣醬或酸辣醬喔！

份量：1～2人份

料理時間：12分鐘

事前準備：
完成椒麻汁製作
（椒麻汁做法詳見p.121）

使用物品：
不沾鍋、矽膠鏟夾

材料：

去骨雞腿1支
高麗菜60g
薑15g
香菜1株
麵粉20g
醬油1小匙
香油1小匙
米酒1大匙
椒麻汁80g

Step

1	2	3
4	5	6
7	8	9

1 取薑磨成泥備用。
2 將去骨雞腿醃入醬油、香油、米酒及薑泥抓醃備用。
3 高麗菜切絲盛入盤中。
4 香菜切碎拌入椒麻汁拌勻備用。
5 將雞腿沾裹薄薄麵粉。
6 起鍋入油，將雞腿入鍋煎至金黃酥脆。
7 以矽膠鏟夾取出，用餐巾紙吸油。
8 將煎好的雞腿切塊。
9 將雞腿與高麗菜盛盤，淋上醬汁即可完成。

李建軒Stanley小提醒

清爽的高麗菜絲搭配鮮嫩多汁的椒麻雞，簡直讓人口水直流。在此提供大家一個小撇步，高麗菜切絲後，可先泡冰水備用，以增加爽脆口感。

亦可搭配本書其他醬料：
泰式甜辣醬（p.039）、酸辣醬（p.120）

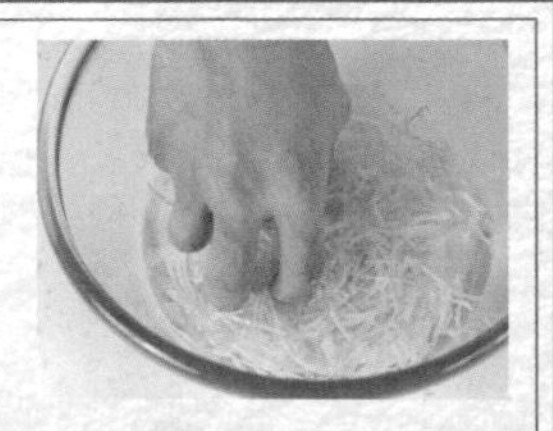

Chapter 06

燉煮一鍋美味湯品，濃郁湯頭自己做

許多人以為醬料的作用可能就是沾水餃、沙拉、搭配菜餚，其實醬料不只是料理的配角！當我們把自製的醬料運用在湯品中，不但保存方便、不佔冰箱空間，還能輕鬆調配出濃郁的湯頭喔。

【香菇粉】

將味道溫和的香菇和帶有天然鹹鮮味的海帶芽磨成細粉，烹調時，不論煮湯、炒菜，或作為醃料與調味粉，不需另外添加味精及雞粉，就能以最健康的方式輕鬆為料理提味！

份量：**2～4人份**

料理時間：**5分鐘**

事前準備：
不沾鍋、手持調理棒

材料：

乾香菇8朵
海帶芽1大匙
冰糖1小匙

1 以不沾鍋乾煸乾香菇及海帶芽，直至略為帶出香氣後待涼備用。

2 將所有材料放入調理棒容器，磨成粉狀即可完成。

李建軒Stanley小提醒

製作完成的香菇粉可裝於罐中密封，平時應保持乾燥。在步驟1中，乾煸乾香菇及海帶芽除了可增加香氣外，還能去除多餘水分，以增加保存時間。

香菇粉運用於本書料理：
番茄排骨湯（p.129）

傳承人文薈萃的千年智慧 中式醬料

【辣味肉醬】

運用豬絞肉拌炒而成的香辣肉醬，不但可作為炒醬或入湯熬煮，也可當成下飯的一道料理。

份量：2～4人份

料理時間：20分鐘

事前準備：
不沾鍋、易拉轉（若無易拉轉，亦可使用刀具將材料切碎）

材料：

豬絞肉200g
薑30g
紅蔥頭3顆
洋蔥1/6顆
胡蘿蔔50g
紹興酒2大匙
醬油1大匙
辣豆瓣醬2大匙
番茄醬3大匙
二砂糖1大匙
水300c.c.

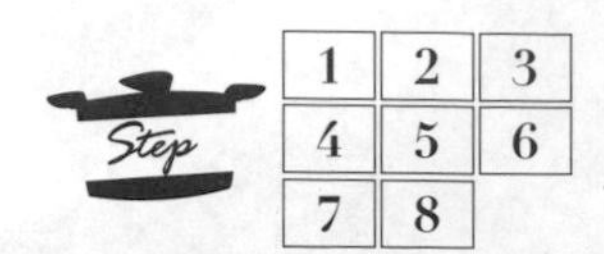

1 紅蔥頭、洋蔥、胡蘿蔔及薑放入易拉轉。
2 以易拉轉切碎備用。
3 於不沾鍋中拌炒豬絞肉。
4 將豬絞肉炒出油脂後，加入易拉轉切碎的食材。
5 將豬絞肉和食材一起炒香
6 加入紹興酒、醬油、 辣豆瓣醬及番茄醬。
7 再加入二砂糖及水熬煮約15分鐘。
8 炒至絞肉充分吸收醬汁即可倒入碗中。

辣味肉醬運用於本書料理：
番茄排骨湯（p.129）

Delicious 美味搭配

番茄排骨湯

示範搭配醬料：香菇粉、辣味肉醬

結合番茄果酸與新鮮排骨，再加入自製肉醬熬煮而成的湯品，美味又健康，讓人意猶未盡，忍不住一碗接一碗！在此示範搭配中式的香菇粉及辣味肉醬，若喜歡番茄香味更濃郁的人，也可以改搭西式的番茄紅醬喔！

份量：2～4人份

料理時間：
使用不沾鍋約30分鐘
（若使用壓力鍋，約需20分鐘）

事前準備：
完成香菇粉及辣味肉醬製作（香菇粉做法詳見p.126、辣味肉醬做法詳見p.127）

使用物品：
不沾鍋、易拉轉

材料：

排骨300g
牛番茄2顆
蒜頭3瓣
蒜苗1支
沙拉油1大匙
水1000c.c
辣味肉醬100g
香菇粉1大匙
鹽適量
紹興酒1大匙

亦可搭配本書其他醬料：
番茄紅醬（p.108）

1 將牛番茄劃十字刀。
2 起滾水，將番茄入鍋燙煮約10秒撈起。
3 將燙過的番茄泡冰水降溫。
4 將番茄去皮。
5 將番茄去蒂。
6 將番茄以易拉轉切碎。
7 蒜頭以易拉轉切碎備用。
8 蒜苗以刀切斜段。
9 熱鍋，將排骨煎至兩面上色後，嗆入紹興酒。
10 加入番茄塊、蒜碎及辣味肉醬拌炒至香氣散發出來。
11 再加水燉煮至排骨軟爛，並以香菇粉及鹽調味。
12 最後加入蒜苗即可完成。

【南瓜醬】

色澤誘人的南瓜，製做成醬料方便保存，運用度也很廣泛，不管是做成濃湯，或是燉飯、炒義大利麵，都能創造出不同的變化。

份量：2～4人份

料理時間：25分鐘

使用物品：
不沾鍋、易拉轉（若無易拉轉，亦可使用刀具將材料切碎）、錫箔紙、烤箱、手持調理棒（若無調理棒，亦可使用任何攪拌工具）、矽膠鏟夾

材料：

南瓜300g
洋蔥30g
蒜頭1瓣
奶油50g

李建軒Stanley小提醒

烤南瓜時，以錫箔紙包住南瓜，不但縮短烘烤時間，更能提升南瓜甜度。若家中沒有烤箱，亦可將南瓜放入電鍋蒸熟，或以滾水煮至軟化，再刮取南瓜泥製作醬料。

南瓜醬運用於本書料理：
濃郁海鮮湯 （p.139）

1 將南瓜去籽。
2 以錫箔紙包起入烤箱180℃烤約20分鐘直至軟化。
3 將軟化的南瓜從烤箱取出，刮取南瓜泥備用。
4 洋蔥及蒜頭用易拉轉切碎備用。
5 起鍋入奶油，將洋蔥及蒜頭炒香後待涼。
6 將炒香洋蔥、蒜頭及南瓜泥以手持調理棒打成醬料即可完成。

【青豆醬】

有蔬菜腥味的青豆仁，透過加熱及添加辛香料做成醬料，不但能去除腥味，還能豐富美化整體色澤！

份量：
2～4人份

料理時間：
5分鐘

使用物品：
不沾鍋、手持調理棒（若無調理棒，可使用任何攪拌工具）、濾網

材料：

- 青豆仁200g
- 洋蔥30g
- 蒜頭1瓣
- 奶油30g
- 月桂葉1片
- 雞高湯100c.c.
- 鹽適量
- 胡椒適量

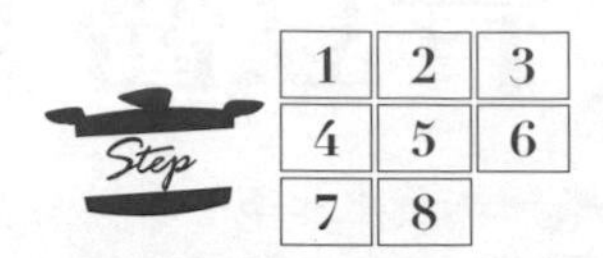

1 將洋蔥及蒜頭用易拉轉切碎備用。
2 起滾水。
3 將青豆仁以滾水燙煮約10秒中撈起。
4 泡入冰水冰鎮瀝乾備用。
5 起鍋，入奶油、碎洋蔥及蒜碎炒香。
6 加入雞高湯煮滾。
7 以鹽、胡椒調味待涼。
8 將冰鎮瀝乾的青豆仁及步驟6的高湯料水以調理棒打成泥狀即可完成。

李建軒Stanley小提醒

汆燙青豆仁時可以另外加入一些鹽，有去除腥味的作用。此外，將汆燙過的青豆仁撈起泡入冰水，有保色作用，製做出來的青豆醬色澤會更漂亮。

【奶油白醬】

奶香四溢令人招架不住的奶油白醬，是大小朋友都喜愛的醬料，不論結合澱粉類料理、焗烤，甚至做成醬汁，都非常適合，只要學會它就能讓料理變美味喔！

白醬搭配帝王蟹，健康又美味！
焗烤白醬帝王蟹

青花筍能幫助骨骼健康，搭配焗烤奶油風味佳！
焗烤奶油青花筍

份量：
2～4人份

料理時間：
5分鐘

使用物品：
不沾鍋、易拉轉（若無易拉轉，亦可使用刀具將材料切碎）

材料：
奶油50g
洋蔥20g
低筋麵粉30g
牛奶200c.c.
鮮奶油30c.c.
月桂葉1片
鹽適量
胡椒適量

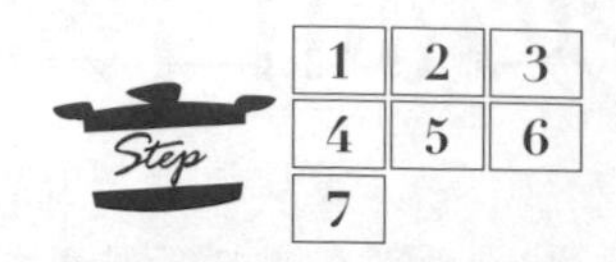

1 用易拉轉將洋蔥切碎備用。
2 起鍋入奶油炒香洋蔥碎及月桂葉。
3 接著加入麵粉炒香。
4 離火，加入牛奶攪拌至無顆粒。
5 再加熱攪拌至濃稠。
6 以鹽、胡椒調味。
7 最後加入鮮奶油即可完成。

李建軒Stanley小提醒

製作濃稠的奶油白醬要特別注意，必須將鍋子離火加入牛奶，且仔細攪拌，才能避免溫度過高，麵粉結成顆粒。拌勻後，再以小火加熱，慢慢攪拌至濃稠狀。

【白蘭地蝦醬】

以橄欖油加熱拌炒出蝦殼中的蝦紅素，兼顧營養和美味，還能嚐到蝦的鮮味及白蘭地的酒香！

份量：2～4人份

料理時間：20分鐘

使用物品：
不沾鍋、矽膠鑵夾、濾網

材料：

蝦殼200g	牛番茄1/2顆	鮮奶油50c.c.
洋蔥50g	蒜頭2瓣	橄欖油30c.c.
胡蘿蔔30g	白蘭地50c.c.	水400c.c.
西芹30g	月桂葉1片	

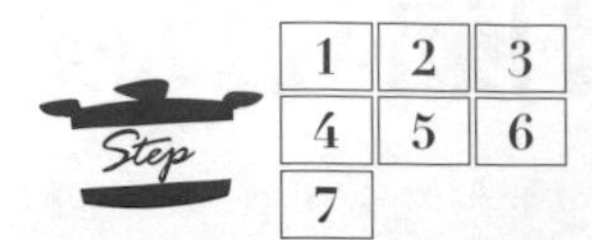

1 洋蔥、胡蘿蔔、西芹及牛番茄切塊備用。
2 起鍋入橄欖油炒香蝦殼，再下步驟1切好的蔬菜塊、蒜頭及月桂葉拌炒。
3 倒入白蘭地略為燒煮。
4 加水熬煮15分鐘。
5 將熬煮好的醬汁過濾。
6 再加入鮮奶油熬煮。
7 收汁至濃稠狀即可完成。

李建軒Stanley小提醒

這道醬汁料理時香氣四溢，跟著步驟一起動手做，你能夠聞到濃濃的海鮮味，香氣的關鍵就在於「蝦殼」！蝦殼有許多蝦紅素，在步驟2中，我們利用橄欖油炒香蝦殼，讓油脂帶出蝦殼的色澤及風味，做出來的醬汁略呈粉橘紅色，非常漂亮。

Delicious
美味搭配

濃郁海鮮湯

示範搭配醬料：南瓜醬

海鮮的鮮甜度，搭配色澤漂亮的南瓜醬製作成海鮮濃湯，不禁讓人食指大動。在此以南瓜醬做為示範搭配的醬料，大家也可以依喜好改搭具濃郁奶香的奶油白醬、蝦子鮮味的白蘭地蝦醬，或是營養豐富、顏色翠綠的青豆醬喔！

份量：**1～2人份**

料理時間：**10分鐘**

事前準備：
完成魚高湯、南瓜醬製作（魚高湯做法詳見p.020、南瓜醬做法詳見p.131）

使用物品：
休閒鍋（若無休閒鍋，亦可使用任何不銹鋼鍋代替）、不沾鍋、矽膠鏟夾

材料：

- 南瓜醬100g
- 草蝦4尾
- 馬鈴薯60g
- 鱸魚100g
- 蛤蜊8顆
- 蒜苗5g
- 魚高湯600c.c.
- 鹽適量
- 胡椒適量
- 白酒1大匙

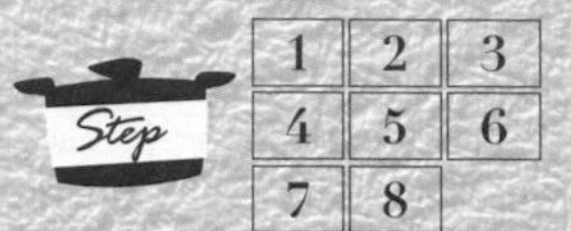

1 將馬鈴薯切塊蒸熟。
2 蒜苗切斜片。
3 草蝦開背去腸泥。
4 將草蝦與鱸魚加入鹽、胡椒、白酒略醃備用。
5 將馬鈴薯、草蝦及鱸魚以不沾鍋煎熟後，盛起備用。
6 以不沾鍋將魚高湯與蛤蜊煮熟。
7 再加入熟透的馬鈴薯、草蝦及鱸魚塊及南瓜醬，以鹽、胡椒調味。
8 排盤時以蒜苗點綴即可完成。

李建軒Stanley小提醒

這鍋海鮮湯的料非常豐富，喝起來味道鮮美，又帶有南瓜醬的濃郁甜味，自己動手做出這鍋湯一定成就滿滿！想要做出完美的濃郁海鮮湯很簡單，在這邊提供大家2個小撇步，保證做出來的濃湯零失敗，宴請親友超有面子！

❶ 馬鈴薯蒸熟能保有甜味及澱粉，吃起來口感更佳。
❷ 煎魚時將魚皮朝下，能保住魚完整性。

亦可搭配本書其他醬料：
青豆醬（p.133）、奶油白醬（p.135）、白蘭地蝦醬（p.137）

【泡菜醬】

自製的泡菜醬，不論煮湯、拌炒或沾醬都很適合，一道醬料就能輕鬆滿足你的需求。

份量：2～4人份

料理時間：5分鐘

事前準備：
大白菜塗抹鹽巴

使用物品：
保鮮盒、手持調理棒（若無調理棒，亦可使用果汁機或食物調理機）

材料：

大白菜1/4顆
鹽1大匙
韓國辣椒粉25g
蘋果1/4顆
洋蔥30g
蒜頭1瓣
二砂糖1小匙

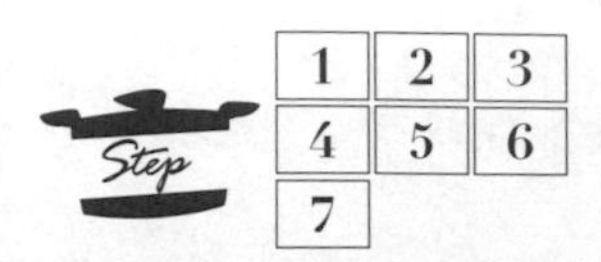

1 大白菜切小塊。
2 以鹽塗抹均勻至梗軟備用（靜置約15分鐘）。
3 將軟透的大白菜用水去除多餘鹽分。
4 接著瀝乾備用。
5 將蘋果、洋蔥、蒜和辣椒粉及糖放入容器。
6 以調理棒打成泥狀醬料。
7 將大白菜與打好的醬料混合，放置保鮮盒冷藏1天即可完成。

李建軒Stanley小提醒

自製酸酸辣辣的韓式泡菜並不困難，在步驟2中，我們用水來去除大白菜的多於鹽分，建議大家也可使用RO水來去鹽，以延長泡菜的保存時間。

泡菜醬運用於本書料理：部隊鍋（p.146）

【味噌醬】

鹹鹹甜甜的味噌醬，是歷史悠久的日式經典醬料，不論搭配小吃或炒料都是完美的選擇喔！

份量：
2～4人份

料理時間：
1分鐘

材料：

味噌50g
二砂糖30g
米酒5c.c.
味醂10c.c.
醬油5c.c.
檸檬汁5c.c.

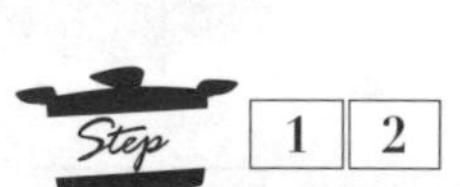

Step 1 2

1 將二砂糖、米酒、檸檬汁、味醂、醬油及味噌加入容器中。
2 用湯匙將所有材料拌勻即可完成。

Point

李建軒Stanley小提醒

大家在製作味噌醬時，醬油可選用薄鹽醬油，既不影響風味，同時也有增加色澤的效果。

【柴魚粉】

我堅決不吃化學調味劑，所以喜歡自己製作柴魚粉。利用柴魚片的鮮味細磨成粉，不論炒菜、煮湯都適用，取代味精和高湯塊，你也可以孕育出天然安心的百變調味粉。

★甘草可於大型賣場或中藥行購得。

份量：2～4人份

料理時間：3分鐘

使用器具：
手持調理棒

材料：

柴魚片50g
鹽1小
二砂糖1小匙
甘草1/2小片

1 2

1 將柴魚片、鹽、二砂糖、甘草放入手持調理棒容器中。
2 將所有材料以手持調理棒打成粉狀即可完成。

李建軒Stanley小提醒

在這道柴魚粉中，我們在食材中加入甘草，甘草又名烏拉爾甘草，屬多年生草本植物，一般中藥行都能買得到。在料理中加入甘草，可以平衡鹹甜味、增加香氣。

壽喜燒醬汁搭配山藥，
做出日式好風味！
柴魚山藥細麵

【壽喜燒醬汁】

學會壽喜燒醬汁，讓你餐桌上的料理變化多端，不論丼飯、沾醬或湯頭都能輕鬆上好菜。

份量：2～4人份

料理時間：3分鐘

事前準備：柴魚高湯
（柴魚高湯做法請見p.018）

使用器具：休閒鍋（若無休閒鍋，亦可使用任何不銹鋼鍋代替）、矽膠鏟夾

材料：

柴魚高湯100c.c.
米酒1大匙
味醂1大匙
醬油1大匙
二砂糖1小匙

1 開小火，將柴魚高湯與糖加熱溶解（不需要煮沸）。
2 再加入味醂、米酒、醬油。
3 以矽膠鏟夾拌勻即可完成。

Delicious

美味搭配

部隊鍋

示範搭配醬料：泡菜醬

你大概想不到平凡泡麵也能端上桌宴客吧？只要把冰箱剩下的少許食材加入部隊鍋中，不僅豐富整鍋湯，還能清除冰箱的新鮮剩菜喔！除了搭配泡菜醬，不想吃辣的人也可以改搭本書的味噌醬，創造日式風味的濃郁湯頭。

份量：1～2人份

料理時間：6分鐘

事前準備：
完成雞高湯製作（雞高湯做法詳見p.016）。完成泡菜醬製作，亦可使用市售泡菜（泡菜醬做法詳見p.141）

使用物品：
不沾鍋、矽膠鏟夾、易拉轉（若無易拉轉，亦可使用刀具將材料切碎）

材料：

泡菜醬80g
泡麵1包
板豆腐1/2塊
鴻喜菇60g
火鍋豬肉片6片
洋蔥40g
起司片2片
蒜頭2瓣
高麗菜60g
年糕60g
雞蛋1顆
蔥5g
雞高湯600c.c.

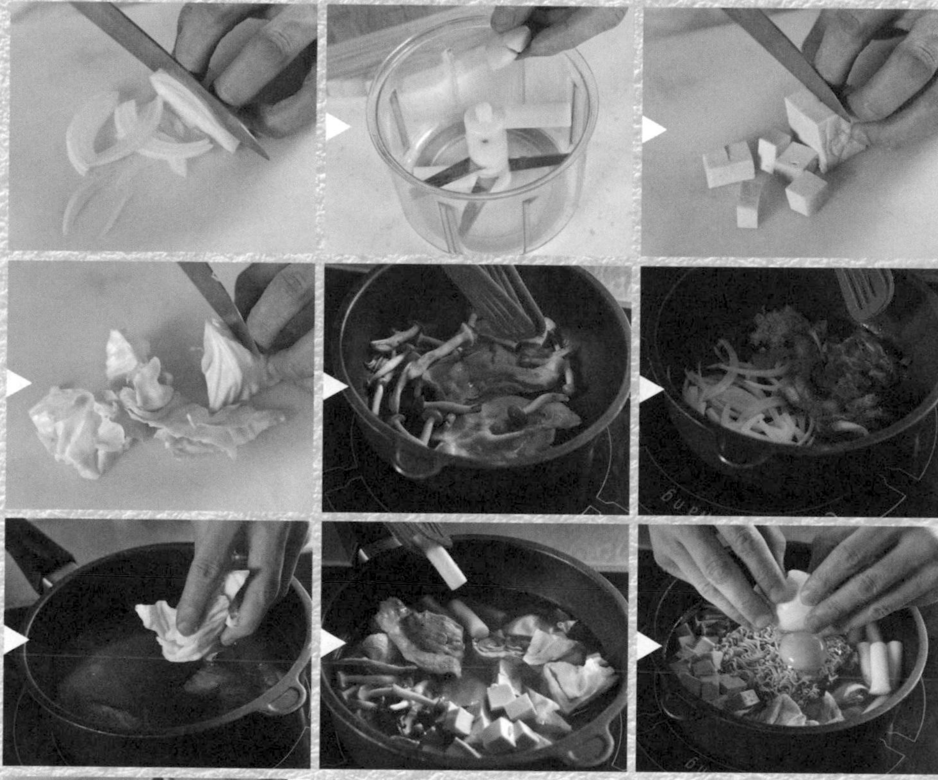

1 洋蔥切絲。
2 蒜頭以易拉轉切碎。
3 板豆腐切塊。
4 高麗菜切大塊。
5 以不沾鍋炒香鴻喜菇及火鍋肉片，炒熟盛起備用。
6 同上鍋，炒香洋蔥、蒜碎及泡菜醬。
7 加入雞高湯及高麗菜。
8 依序排入豆腐、鴻喜菇、火鍋豬肉片與年糕。
9 加入泡麵及雞蛋。
10 加入起司片略為燒煮至滚，最後撒上蔥花即可完成。

李建軒Stanley小提醒

好料多多的部隊鍋深受許多人喜愛，很多人習慣把所有料都丟在同一鍋一起煮開。在步驟5中，我們把鴻喜菇及豬肉片先分別炒過，不但可去除腥味，還可增加風味喔！

亦可搭配本書其他醬料：味噌醬（p.143）

【紅咖哩醬】

重口味的濃郁南洋紅咖哩醬，步驟簡單好上手，只要材料備齊就能簡單製做出人人喜愛的南洋醬料喔！

份量：
2～4人份

料理時間：
5分鐘

使用器具：
不沾鍋、矽膠鏟夾、手持調理棒（若無調理棒，亦可使用果汁機或食物調理機）

材料：

紅洋蔥50g
紅蔥頭3顆
薑10g
乾香茅10g
蒜頭2瓣
紅辣椒1支
紅甜椒1/4個
檸檬葉2片
水50c.c.
魚露1大匙
沙拉油1大匙
雞高湯100c.c.
椰奶50c.c.
匈牙利紅椒粉2大匙
小茴香粉1/4小匙
二砂糖1大匙
太白粉1大匙

★現在大型超市及賣場販售的食材越來越多元，上述的南洋香料、調味料都不難購得。此外，南洋食品行、南洋雜貨店也都買得到喔！

1	2	3
4	5	6
7		

1. 將紅洋蔥、紅蔥頭、薑、蒜頭、紅辣椒、紅甜椒、檸檬葉、香茅及水以手持調理棒攪碎成泥備用。
2. 起鍋入油，將步驟1絞碎的醬料炒煮約1分鐘。
3. 加入匈牙利紅椒粉、小茴香粉、魚露拌炒約2分鐘。
4. 炒至香味出來時，加入雞高湯以小火煮滾。
5. 離火加入椰奶。
6. 再加入鹽、糖調味。
7. 倒入太白粉水勾芡即可完成。（太白粉水調配方法請見下方李建軒Stanley小提醒喔！）

Point

李建軒Stanley小提醒

許多人初次吃南洋風味的料理時，可能不太習慣它的風味，大家自製醬料時也可以依照自己口味做調整。下面2點小撇步可供大家製作醬料時參考：

❶ 魚露及所有調味料都有鹹味，請斟酌添加鹽量。

❷ 添加椰奶時需離火，溫度不可過高，以免蛋白質分離。

❸ 太白粉水是亞洲料理常見的勾芡方式，只要記得太白粉和水的比例1：1，以一般大小的湯匙為基準，將一匙太白粉及一匙水攪拌均勻即完成。

紅咖哩醬運用於本書料理：酸辣湯醬（p.150）

【酸辣湯醬】

紅咖哩醬再進化

自己動手做南洋香料味濃重的酸辣湯醬，可以依個人喜好調整食材，為全家大小量身打造酸度、辣度都符合的口味。

份量：2～4人份

料理時間：3分鐘

事前準備：
完成紅咖哩醬製作
（紅咖哩醬做法詳見p.148）

使用器具：
不沾鍋

材料：

羅望子30g
紅咖哩醬50g
檸檬汁3大匙
檸檬葉2片
水30c.c.
二砂糖1大匙
太白粉1大匙

Step 1 2

1 在不沾鍋中加入紅咖哩醬、檸檬汁、檸檬葉、糖、羅望子及水小火煮開。

2 最後以太白粉水勾芡即可完成。（太白粉水調配方法請見P.149下方的李建軒Stanley小提醒）

Point

李建軒Stanley小提醒

酸酸辣辣的南洋料理常常加入檸檬葉或檸檬汁，提升醬料的風味。在步驟中添加的檸檬汁，大家可以依照個人喜好酸味來調整。

酸辣湯醬運用於本書料理：
香椰海鮮湯（p.151）

Delicious
美味搭配

香椰海鮮湯

示範搭配醬料：酸辣湯醬

喜愛南洋口味的人，這道湯品絕對不容錯過。添加本書示範搭配的酸辣湯醬，能使酸辣味中帶出海鮮的鮮甜味，能夠平衡湯頭的味覺！若喜歡南洋紅咖哩香料的人，也可以搭配本書的紅咖哩醬喔！

份量：2～4人份

料理時間：3分鐘

事前準備：
完成雞高湯與酸辣湯醬製作（雞高湯做法詳見p.016、酸辣湯醬做法詳見p.150）

使用物品：
不沾鍋、矽膠鏟夾

材料：

- 酸辣湯醬2大匙
- 檸檬葉3片
- 乾香茅5g
- 南薑4～5片
- 小辣椒1根
- 紅蔥頭2顆
- 洋蔥1/4顆
- 檸檬1/3顆
- 鴻喜菇60g
- 小番茄6顆
- 椰奶50c.c.
- 泰國魚露1大匙
- 香菜1株
- 蝦6尾
- 中捲1/2尾
- 蛤蜊8顆
- 雞高湯500c.c.
- 沙拉油1大匙
- 九層塔5片

1 洋蔥切塊。
2 紅蔥頭切片。
3 小番茄切半。
4 鴻喜菇撥小塊。
5 中捲切圓圈狀備用。
6 蝦子開背取腸泥。
7 起鍋入油。
8 放入中卷。
9 放入蝦子。

10	11	12
13	14	15
16		

10 將蝦子、中捲大火煎炒至半熟盛起備用。

11 同上鍋，加入洋蔥塊、檸檬葉、香茅、南薑、紅蔥頭片、小番茄、辣椒炒香。

12 加入酸辣湯醬拌炒。

13 加入雞高湯及蛤蜊煮至蛤蜊熟開。

14 加入炒至半熟的海鮮、鴻喜菇及魚露煮至熟。

15 放上九層塔。

16 加入椰奶即可完成。

李建軒Stanley小提醒

美味的海鮮湯添加許多各種不同的好料，像是蝦子、中捲及蛤蜊，煮出來的湯頭十分鮮美。在步驟13中，蛤蜊以滾水煮約10秒後撥開，我們可以檢視蛤蜊是否有殘留泥沙。

亦可搭配本書其他醬料：紅咖哩醬（p.148）

自製手工甜品醬，人人都能創造的甜蜜滋味

看了前面那麼多鹹食、主菜的各式醬料，別忘了還有甜品醬料！香香甜甜的醬料，不但可以作為甜點內餡、抹醬，還能調飲料喔！用新鮮水果及各式天然食材自製的甜品醬料，不含化學香精，不但可以控制糖量，還能隨自己喜好任意搭配糕點、法式薄餅、飲品等，讓人享受甜蜜滋味又健康無負擔喔！

【鳳梨醬】

嚴選當季鳳梨與本土冬瓜，經過慢火拌炒製成新鮮的鳳梨冬瓜醬，不論作為糕點內餡或泡成水果茶，都非常適合喔！

份量：2～4人份

料理時間：18分鐘

事前準備：
事先將鳳梨與冬瓜去皮

使用物品：
不沾鍋

材料：

鳳梨（去皮後淨重約250g）
冬瓜（去皮、去籽）約250g
二砂糖90g、麥芽糖50g

1. 把鳳梨果肉切絲備用。
2. 把冬瓜切絲備用。
3. 將鳳梨絲、冬瓜絲連同鳳梨湯汁一起放入不沾鍋，以大火加熱拌炒至熟軟。
4. 繼續拌炒至水份炒乾且呈團狀。
5. 加入二砂糖。
6. 再加入麥芽糖拌炒。
7. 炒至湯汁收乾，且餡料能出現絲狀纖維即可完成。

李建軒Stanley小提醒

以新鮮風梨熬煮的鳳梨醬不含香精，與糖拌炒後顏色偏深褐色，炒的時間越長，顏色越深。

鳳梨醬運用於本書料理：鳳梨冬瓜酥（p.158）

Delicious

美味搭配

鳳梨冬瓜酥

示範搭配醬料：鳳梨醬

剛出爐的鳳梨冬瓜酥，奶油香氣逼人，再泡杯熱茶，在家就能享受健康美味的下午茶。自製的鳳梨醬不含化學香精，非常適合作為甜點內餡。除了鳳梨醬，大家也可以依季節及個人喜好改搭本書的蜂蜜柚子醬或紅豆醬。

份量：2~3人份

料理時間：20分鐘

事前準備：
完成鳳梨醬製作
（鳳梨醬做法詳p.160）

使用物品：
打蛋器、烤模、矽膠鑷夾、烘焙紙

材料：

低筋麵粉60g
奶油40g
糖粉5g
鹽0.5g
奶粉15g
全蛋10g
鳳梨醬120g

1 奶油、糖粉及鹽攪拌至略為打發呈現絨毛狀備用。
2 加入蛋液攪拌均勻。
3 再加入低筋麵粉及奶粉拌勻成糰，靜置10分鐘成糕皮備用。
4 將糕皮壓平後，包覆鳳梨醬。
5 壓入烤模中壓平，以上火190℃/下火200℃烤約10分鐘，翻面再烤6分鐘即可取出。
6 待冷卻再脫模即可完成。

李建軒Stanley小提醒

美味可口的鳳梨冬瓜酥，運用自製的鳳梨醬，不含香精及人工添加物。製作量多時，步驟2的蛋液要分次加入，以免攪拌速度及吸收不完全。此外，將包餡的麵糰入烤模塑型時，可墊張烘焙紙，以防沾黏砧板或烤盤。

亦可搭配本書其他醬料：
蜂蜜柚子醬（p.166）、紅豆醬（p.169）

【香草醬】

選用新鮮香草籽取代人工香草精，與牛奶一同加熱熬煮時，空氣中充滿淡淡甜香，不論搭配法式薄餅、蛋糕、麵包、餅乾等各式甜點，都能帶給你滿滿的甜蜜幸福感。

份量：
2～4人份

料理時間：
6分鐘

使用物品：
不沾鍋、矽膠鏟夾

材料：

鮮奶200c.c.
香草夾1/2支
二砂糖2大匙
蛋黃2顆
低筋麵粉1小匙
玉米粉1大匙

李建軒Stanley小提醒

香草莢雖然單價較高，但比起市面上常見的人工香草精，更天然健康！香草莢通常為試管包裝，只能常溫保存，不能冷藏或冷凍。因冰箱中的水氣易使香草莢發霉。製作香草醬時，加熱牛奶要注意鍋邊容易燒焦，過程中需不斷攪拌。

香草醬運用於本書料理如下
火焰法式薄餅付叭噗（p.164）

1 以刀劃開香草莢。
2 用湯匙刮取香草籽。
3 在不沾鍋加入香草籽、切開的香草莢及鮮奶150c.c.，以小火慢煮。
4 煮至冒煙後，熄火取出香草莢。
5 將鮮奶50c.c.、二砂糖、蛋黃、低筋麵粉及玉米粉倒入碗中。
6 攪拌均勻至無粉粒狀。
7 再倒入步驟4的不沾鍋中開小火慢煮。
8 以矽膠鏟夾慢慢攪拌。
9 煮至濃稠狀即可熄火倒出。

【核桃乳酪醬】

選用未經調味的新鮮核桃，烘烤後用刀切碎就能聞到堅果的香味。再與乳酪拌合成醬，不論搭配麵包、蛋糕、法式薄餅等甜點，都是非常百搭的抹醬唷！

份量：
2～4人份

料理時間：
8分鐘

事前準備：
奶油乳酪放於常溫

使用物品：
不沾鍋、打蛋器

材料：
奶油乳酪200g
二砂糖30g
楓糖漿50g
核桃80g

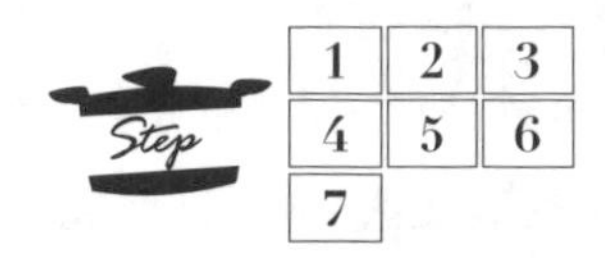

1 將核桃以不沾鍋烘烤。
2 烤過的核桃取出待涼切碎。
3 將回溫的奶油乳酪用打蛋器攪拌成滑順的乳霜狀。
4 加入二砂糖。
5 再加入楓糖混合均勻。
6 最後再加入核桃碎。
7 拌勻即可完成。

李建軒Stanley小提醒

製作前將奶油乳酪放於常溫，可避免攪拌過程中結顆粒，造成不易拌勻的情形。

Delicious

美味搭配

火焰法式薄餅附叭噗

示範搭配醬料：香草醬

酥脆微熱的餅皮淋上自製香草醬或是帶有堅果香味的核桃乳酪醬，再配上一球冰淇淋，可說是絕妙的下午茶搭配。這道甜點看似華麗精緻，其實做法非常簡單，快來自己動手做做看吧！

份量：3人份

料理時間：5分鐘

事前準備：
完成香草醬製作（香草醬做法詳見p.160）、將檸檬皮切細絲

使用物品：
不沾鍋、打蛋器、麵粉篩

材料：

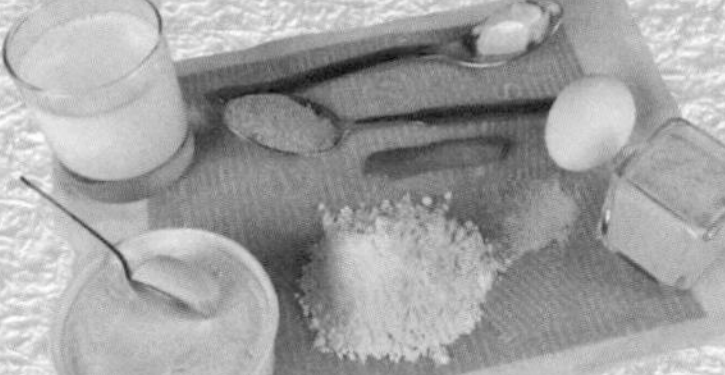

雞蛋1顆
鮮奶150c.c.
低筋麵粉50g
二砂糖15g
鹽1g
奶油15g
綠檸檬皮1/4片
冰淇淋2球
香草醬5大匙

1 將雞蛋、鮮奶、二砂糖及鹽攪拌均勻。
2 麵粉過篩。
3 將過篩的麵粉加入步驟1拌勻。
4 將奶油以不沾鍋加熱融化。
5 將融化的奶油加入步驟3拌勻成麵糊。
6 將麵糊倒入不沾鍋內（約一大匙的量）。
7 將煎上色的薄餅對折2次取出盛盤（同做法約可煎3片薄餅）。
8 將薄餅附上盤中，再放上冰淇淋。
9 淋上香草醬、略灑檸檬皮絲即可完成。

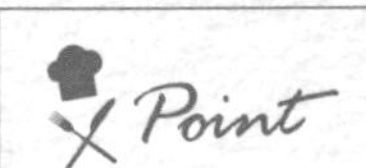

李建軒Stanley小提醒

許多人煎法式薄餅時，常怕煎出來的顏色深淺不均。建議大家可以將拌勻的麵糊放冰箱冷藏約30分鐘。因為麵糊冷藏過後密度會增加，煎出的薄餅顏色較均勻漂亮。

亦可搭配本書其他醬料：
核桃乳酪醬（p.162）

品嚐獨門經典的東洋滋味 日韓醬料

【蜂蜜柚子醬】

嚐起來鹹鹹甜甜的蜂蜜柚子醬，帶有淡淡的柚子清香，不論泡成熱茶、製成冰飲，甚至作為甜點抹醬，都非常適合！

份量：
2～4人份

料理時間：
15分鐘

使用物品：
不沾鍋、保鮮盒

材料：

柚子1顆
柚子皮1片
二砂糖100g
鹽1/2小匙
檸檬1顆
蜂蜜100g

Step

1	2	3
4	5	6
7	8	9

1 將柚子肉撥小塊去籽。
2 加入二砂糖及鹽拌勻。
3 將拌勻的柚子塊放入保鮮盒冷藏至少3小時至出水（最好放至隔天）。
4 先將柚子皮白色囊部去除。
5 再將柚子皮以滾水煮過。
6 將燙好的柚子皮取出，以刀切絲備用。
7 將保鮮盒出水的柚子塊以小火慢煮至濃稠。
8 再加蜂蜜、檸檬擠汁及柚子皮絲。
9 持續煮到湯汁變濃稠即可完成。

李建軒Stanley小提醒

蜂蜜柚子醬在煮製的過程中，柚子皮是提升香氣的關鍵。只要注意下面兩點小秘訣，就能成功製出鹹鹹甜甜、略呈金黃色的蜂蜜柚子醬：

❶ 柚子皮的白色囊部分要刮乾淨，再經過熱水煮過，才不會有苦澀味。

❷ 在步驟9蜂蜜柚子醬煮至濃稠的過程中，柚子皮絲顏色會由綠轉黃，這是正常的現象。

蜂蜜柚子醬運用於本書料理：

柚子氣泡飲（p.168）

柚子氣泡飲

示範搭配醬料：蜂蜜柚子醬

將自製的新鮮蜂蜜柚子醬結合氣泡水與清香薄荷，享受氣泡與果香在口中的豐富層次，是夏日消暑的最佳選擇！

份量：
2人份

料理時間：
2分鐘

事前準備：
完成蜂蜜柚子醬製作
（蜂蜜柚子醬做法詳見p.166）

材料：

蜂蜜柚子醬50g
氣泡水200c.c.
薄荷葉1株
冰塊70g

1 2

1 杯中放入冰塊及蜂蜜柚子醬，再倒入50c.c.的氣泡水。
2 用手稍微揉捏薄荷葉，放上薄荷葉即可完成。

Point

李建軒Stanley小提醒

夏日來杯製作方式簡單、色澤美麗的冰涼柚子氣泡飲，最後點綴上薄荷葉，是招待好友的最佳選擇。在此提供大家一個小撇步，只要將薄荷葉用手稍為揉捏，就能讓香味竄出。

【紅豆醬】

依個人喜好甜度所製成的紅豆醬，不論煮甜湯或作為甜點內餡，都非常美味。

份量：
2～4人份

料理時間：
使用壓力鍋約30分鐘（若無壓力鍋，亦可使用電鍋蒸煮約120分鐘）

使用物品：
壓力鍋

材料：
紅豆250g
水800c.c.
砂糖100g
鹽1小匙

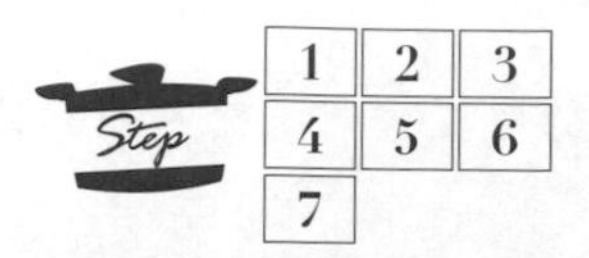

1 將洗淨的紅豆倒入壓力鍋中。
2 加水後，蓋鍋上壓，以小火煮約20分鐘。
3 紅豆熟透後，再開火將水煮乾成泥醬。
4 趁熱加入鹽。
5 再加入砂糖。
6 以木匙拌勻。
7 煮至收汁即完成。

李建軒Stanley小提醒

在最後的步驟趁熱加入糖及鹽拌勻後，煮乾的泥醬會出很多水份，建議可以放入冰箱冷藏或再用小鍋煮一下，讓水份蒸發即可。

紅豆醬運用於本書料理：紅豆御萩（p.171）

Delicious
美味搭配

紅豆御萩

示範搭配醬料：紅豆醬

這道日式經典傳統和果子，選用自製紅豆醬包覆Q彈糯米飯，只要吃過一次，絕對讓你念念不忘！

份量：
1～2人份

料理時間：
使用不鏽鋼休閒鍋約25分鐘
（一般蒸煮鍋約40分鐘）

事前準備：
完成紅豆醬製作
（紅豆醬做法詳見p.169）

使用物品：
休閒鍋（若無休閒鍋，亦可使用任何不銹鋼鍋代替）、不沾鍋、矽膠鏟夾

材料：

紅豆醬 200g
圓糯米1杯（約200g）
水0.8杯（約180g）

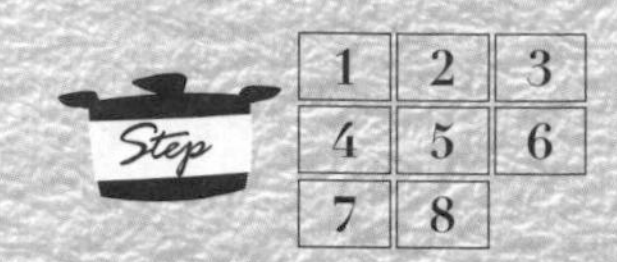

1 先將洗淨的糯米倒入不鏽鋼休閒鍋。
2 加入0.8杯的水。
3 蓋上鍋蓋，煮至冒煙時，轉小火再煮7分鐘後熄火。
4 將煮好的糯米燜15分鐘成糯米飯。
5 以木匙將糯米飯搗一搗，直到糯米飯呈現黏稠狀又可看到一點點米粒即可。
6 取一小糰糯米飯捏成小球狀。
7 以紅豆醬把糯米球包起來。
8 用手稍微塑形即可完成。

香甜芒果和鮭魚的搭配，
絕對讓你愛不釋手！
奶油芒果煎鱈魚

【芒果醬】

夏日首選的新鮮芒果，加入砂糖和檸檬汁熬煮成醬，色澤鮮黃亮麗。搭配冰淇淋、法式薄餅、蛋糕、優格等各式甜品，或是打成冰砂，絕對讓人愛不釋手！

份量：2～4人份　　料理時間：10分鐘

使用物品：不沾鍋、易拉轉（若無易拉轉，亦可使用湯匙將材料壓碎拌勻）

材料：

愛文芒果2顆
二砂糖100g
檸檬1顆

1 將切塊芒果放入易拉轉攪碎後，倒入不沾鍋。
2 加入二砂糖和檸檬擠汁後，以小火煮至濃稠即可完成（過程需不斷攪拌，避免芒果醬沾鍋燒焦）。

李建軒Stanley小提醒

因為芒果富含果膠，將做好的芒果醬放涼後會變得更濃稠！

芒果醬運用於本書料理：
香芒雙色糯米飯（p.174）

Delicious

美味搭配

香芒雙色糯米飯

示範搭配醬料：芒果醬

色彩繽紛、可口誘人的雙色糯米飯，淋上大人小孩都愛的自製芒果醬，讓人吃進嘴裡，甜在心裡。

份量：1～2人份

料理時間：
使用不鏽鋼休閒鍋約25分鐘（一般蒸煮鍋約40分鐘）

事前準備：
完成芒果醬製作（芒果醬做法詳見p.173）、將綠檸檬皮以刀切細絲

使用物品：
不沾鍋、不鏽鋼休閒鍋2個（若無不鏽鋼休閒鍋，亦可使用任何蒸煮鍋）

材料：

長糯米1杯
紫米1杯
椰奶200c.c.
二砂糖50g
鹽1小匙
綠檸檬皮1/2片
薄荷葉8片
芒果醬150g